线 性 代 数

李磊　段华贵　编

U0249453

南开大学出版社

天　津

图书在版编目(CIP)数据

线性代数 / 李磊，段华贵编.－天津:南开大学
出版社，2023.1(2023.9 重印)
ISBN 978-7-310-06435-9

Ⅰ.①线… Ⅱ.①李… ②段… Ⅲ.①线性代数－高
等学校－教材 Ⅳ.①O151.2

中国版本图书馆 CIP 数据核字(2023)第 003066 号

线性代数
XIANXING DAISHU

———————————————————————

南开大学出版社出版发行
出版人:陈　敬
地址:天津市南开区卫津路 94 号　　邮政编码:300071
营销部电话:(022)23508339　营销部传真:(022)23508542
https://nkup.nankai.edu.cn

———————————————————————

天津泰宇印务有限公司印刷　全国各地新华书店经销
2023 年 1 月第 1 版　2023 年 9 月第 2 次印刷
260×185 毫米　16 开本　11.5 印张　200 千字
定价:42.00 元

———————————————————————

如遇图书印装质量问题,请与本社营销部联系调换,电话:(022)23508339

前　　言

　　线性代数理论起源于求解线性方程组，现在已成为数学的一个重要分支，它的主要研究对象包括向量、向量空间、线性变换和有限维的线性方程组等。

　　线性代数是高校本科生的基础课程，不仅为其后续课程的学习提供必要的数学基础，也在物理化学、工程技术、经济金融、运筹规划、数据科学等诸多领域中具有广泛的应用。

　　本教材源于作者给南开大学物理专业和化学专业本科生讲授线性代数课程的讲义，该讲义以矩阵为主线，简要讲述了线性代数的最基本的理论与知识，主要内容包括线性方程组、向量空间、矩阵代数、二次型等。

　　本书的编写和出版得到了南开大学和南开大学数学科学学院的大力支持与帮助，我们在此致以衷心的感谢。感谢南开大学出版社的莫建来、谢芳周两位老师的帮助。

　　由于作者学识水平所限，疏漏和错误在所难免，敬请读者批评指正。

目　　录

第一章 矩阵的基本概念与运算

矩阵是数学中一个极其重要的概念, 在物理、工程、经济、数学的各分支中均有着广泛应用, 因此成为代数特别是线性代数中的一个主要研究对象. 矩阵的概念起源于18世纪, 它是由解线性方程组以及将二次曲面方程化为标准型的需要而逐步形成的.

在这一章中, 我们将介绍矩阵的基本概念和运算. 在整本书中, 我们将用 $\mathbb{K}$ 表示实数域 $\mathbb{R}$ 或者复数域 $\mathbb{C}$.

§1.1 矩阵的概念

作为本书的开始, 我们首先给出矩阵的概念并且给出一些基本的例子.

定义 1.1 给定 $m \times n$ 个数 $a_{ij} \in \mathbb{K}$ $(i = 1, 2, \cdots, m; j = 1, 2, \cdots, n)$, 把它们按照一定的次序排成一个 m 行 n 列的矩形数表, 即

$$\begin{pmatrix} a_{11} & a_{12} & \cdots & a_{1n} \\ a_{21} & a_{22} & \cdots & a_{2n} \\ \vdots & \vdots & & \vdots \\ a_{m1} & a_{m2} & \cdots & a_{mn} \end{pmatrix},$$

我们称之为一个 m 行 n 列的**矩阵** (或者 $m \times n$ 矩阵), 其中 a_{ij} 称为矩阵的**元素**. a_{ij} 的下标 i 和 j 依次指明了它在矩阵中的行号与列号, 因此也称 a_{ij} 为矩阵的 (i, j)**元**.

矩阵常用大写英文字母来表示. 例如, 上面定义中的矩阵可以记作 A, 也可以记作 (a_{ij}). 为了强调 A 是 m 行 n 列的矩阵, 有时也记作 $A_{m \times n}$ 或者 $(a_{ij})_{m \times n}$. 如果矩阵 A 的行数 m 与列数 n 相等, 则称 A 是 n **阶方阵**或者 n **阶矩阵**. 我们把所有的 $m \times n$ 矩阵的全体记作 $M_{m \times n}$; 特别的, 如果指明矩阵所在的数域, 则我们也记为 $M_{m \times n}(\mathbb{K})$.

为了研究矩阵的运算, 我们首先来定义矩阵的相等. 两个$m \times n$ 矩阵$A = (a_{ij})_{m \times n}$和$B = (b_{ij})_{m \times n}$称为是**相等**的当且仅当对任意的$i = 1, 2, \cdots, m; j = 1, 2, \cdots, n$, 都有$a_{ij} = b_{ij}$.

下面是几种常用的特殊矩阵:

(1) **零矩阵0**: 元素全为0的$m \times n$矩阵.

(2) n**阶单位矩阵**: $I_n = (\delta_{ij})_{n \times n}$, 其中$\delta_{ij} = \begin{cases} 1, & \text{当 } i = j \text{ 时}; \\ 0, & \text{当 } i \neq j \text{ 时}. \end{cases}$

(3) n**阶上三角矩阵**: 形如 $\begin{pmatrix} a_{11} & a_{12} & a_{13} & \cdots & a_{1n} \\ 0 & a_{22} & a_{23} & \cdots & a_{2n} \\ 0 & 0 & a_{33} & \cdots & a_{3n} \\ \vdots & \vdots & \vdots & & \vdots \\ 0 & 0 & 0 & \cdots & a_{nn} \end{pmatrix}$ 的矩阵. 同理可定

义下三角矩阵. 既是上三角矩阵同时又是下三角矩阵的n阶矩阵被称作**对角矩阵**, 即形如

$$\begin{pmatrix} a_1 & 0 & \cdots & 0 \\ 0 & a_2 & \cdots & 0 \\ \vdots & \vdots & \vdots & \vdots \\ 0 & 0 & \cdots & a_n \end{pmatrix}$$

的矩阵. 上述对角矩阵也记作$\mathrm{diag}(a_1, a_2, \cdots, a_n)$.

(4) 设实矩阵$A = \begin{pmatrix} a_{11} & a_{12} & \cdots & a_{1n} \\ a_{21} & a_{22} & \cdots & a_{2n} \\ \vdots & \vdots & & \vdots \\ a_{m1} & a_{m2} & \cdots & a_{mn} \end{pmatrix}_{m \times n}$, 则称

$$\begin{pmatrix} a_{11} & a_{21} & \cdots & a_{m1} \\ a_{12} & a_{22} & \cdots & a_{m2} \\ \vdots & \vdots & & \vdots \\ a_{1n} & a_{2n} & \cdots & a_{mn} \end{pmatrix}_{n \times m}$$

是A的**转置**, 记作A^{T}. 显然有$(A^{\mathrm{T}})^{\mathrm{T}} = A$.

(5) 若矩阵 A 满足 $A^{\mathrm{T}} = A$, 则称 A 是**对称矩阵**; 如果 A 满足 $A^{\mathrm{T}} + A = 0$, 则称 A 是**反对称矩阵**.

(6) 若两个矩阵的行数相等, 列数也相等, 就称它们是**同型矩阵**.

定义 1.2　我们把 $n \times 1$ 矩阵称为是 n**维列向量**, 而把 $1 \times n$ 矩阵称为是 n**维行向量**.

以后我们用小写的希腊字母 $\alpha, \beta, \gamma, \cdots$ 表示行向量或者列向量.

注　为了方便讨论, 有时将矩阵 $A = (a_{ij})_{m \times n}$ 写成

$$A = \begin{pmatrix} \alpha_1 \\ \alpha_2 \\ \vdots \\ \alpha_m \end{pmatrix} \ \text{或} \ A = \begin{pmatrix} \beta_1, \beta_2, \cdots, \beta_n \end{pmatrix},$$

其中, 对任意的 $i = 1, 2, \cdots, m$ 和 $j = 1, 2, \cdots, n$, 相应的有

$$\alpha_i = (a_{i1}, a_{i2}, \cdots, a_{in})$$

和

$$\beta_j = \begin{pmatrix} a_{1j} \\ a_{2j} \\ \vdots \\ a_{mj} \end{pmatrix}.$$

§1.2　矩阵的运算

本节将介绍矩阵之间以及数与矩阵之间的运算法则及其相关性质, 它们是矩阵之间的最基本的运算关系. 我们所定义的运算是矩阵的加法、乘法、矩阵与数的乘法以及矩阵的转置.

1.2.1   矩阵的加法

定义 1.3 设 $A = (a_{ij})_{m \times n}$ 和 $B = (b_{ij})_{m \times n}$ 均是 $m \times n$ 阶矩阵, 则称矩阵

$$C = (a_{ij} + b_{ij})_{m \times n}$$

为矩阵 A 与矩阵 B 的和, 记作 $A + B$.

注   只有两个矩阵是同型矩阵时, 这两个矩阵才能相加.

例 1.1 设

$$A = \begin{pmatrix} 4 & 0 & 5 \\ -1 & 3 & 2 \end{pmatrix}, \quad B = \begin{pmatrix} 1 & 1 & 1 \\ 3 & 5 & 7 \end{pmatrix}, \quad C = \begin{pmatrix} 2 & -3 \\ 0 & 1 \end{pmatrix},$$

求 $A + B$.

解

$$A + B = \begin{pmatrix} 5 & 1 & 6 \\ 2 & 8 & 9 \end{pmatrix},$$

但是 $A + C$ 没有定义.   □

很容易可以验证, 矩阵的加法具有以下的性质: 对任意的 $A, B, C \in M_{m \times n}$, 有

(1) (交换律) $A + B = B + A$.

(2) (结合律) $(A + B) + C = A + (B + C)$.

(3) (零元存在) $A + \mathbf{0} = \mathbf{0} + A = A$.

(4) (负元存在) 设 $A = (a_{ij})_{m \times n}$, 令 $-A = (-a_{ij})_{m \times n}$, 则有 $A + (-A) = \mathbf{0}$.

因而矩阵的减法可以定义为: 设 $A, B \in M_{m \times n}$, 令

$$A - B = A + (-B).$$

由此可得消去律: 由 $A + B = A + C$ 可得 $B = C$. 事实上,

$$\begin{aligned} B &= (-A + A) + B = -A + (A + B) \\ &= -A + (A + C) = (-A + A) + C = C. \end{aligned}$$

1.2.2 矩阵的数乘

定义 1.4 设 $A = (a_{ij})_{m \times n} \in M_{m \times n}$ 且 $\alpha \in \mathbb{K}$, 则称矩阵 $(\alpha a_{ij})_{m \times n}$ 是数 α 与矩阵 A 的 **数量乘积**, 记作 αA.

由定义可以直接验证, 数乘满足下列四条运算定律: 对任意的 $A, B \in M_{m \times n}$ 以及 $a, b \in \mathbb{K}$, 有

(1) $1 \cdot A = A$.

(2) $a(bA) = (ab)A$.

(3) $(a + b)A = aA + bA$.

(4) $a(A + B) = aA + aB$.

下面我们举一个关于 **矩阵方程** 的例子.

例 1.2 解矩阵方程 $A - 5X = B$, 其中

$$A = \begin{pmatrix} 1 & -2 & 3 \\ 0 & 1 & 1 \\ 5 & 0 & 2 \end{pmatrix}, \quad B = \begin{pmatrix} 1 & 0 & 5 \\ -2 & 1 & 0 \\ 3 & 1 & 2 \end{pmatrix}.$$

解 由消去律可知 $-5X = B - A$, 两边同乘 $-\frac{1}{5}$ 可得

$$X = \frac{1}{5}(A - B) = \frac{1}{5}\begin{pmatrix} 0 & -2 & -2 \\ 2 & 0 & 1 \\ 2 & -1 & 0 \end{pmatrix} = \begin{pmatrix} 0 & -\frac{2}{5} & -\frac{2}{5} \\ \frac{2}{5} & 0 & \frac{1}{5} \\ \frac{2}{5} & -\frac{1}{5} & 0 \end{pmatrix}.$$

□

1.2.3 矩阵的乘法

定义 1.5 设矩阵 $A = (a_{ik})_{m \times s}$, $B = (b_{kj})_{s \times n}$, 令 $C = (c_{ij})_{m \times n}$, 其中

$$c_{ij} = a_{i1}b_{1j} + a_{i2}b_{2j} + \cdots + a_{is}b_{sj} = \sum_{k=1}^{s} a_{ik}b_{kj},$$

则矩阵 C 称为矩阵 A 与 B 的 **乘积**, 记作 $C = AB$.

例 1.3　设

$$A = \begin{pmatrix} 2 & 1 & 3 \\ -1 & 5 & 4 \end{pmatrix}, \quad B = \begin{pmatrix} 3 & 1 \\ -4 & 2 \\ 0 & 7 \end{pmatrix}.$$

求 AB.

解

$$
\begin{aligned}
AB &= \begin{pmatrix} 2 & 1 & 3 \\ -1 & 5 & 4 \end{pmatrix} \begin{pmatrix} 3 & 1 \\ -4 & 2 \\ 0 & 7 \end{pmatrix} \\
&= \begin{pmatrix} 2 \times 3 + 1 \times (-4) + 3 \times 0 & 2 \times 1 + 1 \times 2 + 3 \times 7 \\ (-1) \times 3 + 5 \times (-4) + 4 \times 0 & (-1) \times 1 + 5 \times 2 + 4 \times 7 \end{pmatrix} \\
&= \begin{pmatrix} 2 & 25 \\ -23 & 37 \end{pmatrix}.
\end{aligned}
$$

$\square$

例 1.4　设

$$A = \begin{pmatrix} a_1 & a_2 & \cdots & a_n \end{pmatrix} \in M_{1 \times n}, \quad B = \begin{pmatrix} b_1 \\ b_2 \\ \vdots \\ b_n \end{pmatrix} \in M_{n \times 1}.$$

求 AB 及 BA.

解　直接计算可得

$$AB = \begin{pmatrix} a_1 & a_2 & \cdots & a_n \end{pmatrix} \begin{pmatrix} b_1 \\ b_2 \\ \vdots \\ b_n \end{pmatrix} = \left(\sum_{i=1}^{n} a_i b_i \right)$$

以及

$$BA = \begin{pmatrix} b_1 \\ b_2 \\ \vdots \\ b_n \end{pmatrix} \begin{pmatrix} a_1 & a_2 & \cdots & a_n \end{pmatrix} = \begin{pmatrix} a_1 b_1 & a_2 b_1 & \cdots & a_n b_1 \\ a_1 b_2 & a_2 b_2 & \cdots & a_n b_2 \\ \vdots & \vdots & & \vdots \\ a_1 b_n & a_2 b_n & \cdots & a_n b_n \end{pmatrix}.$$

□

命题 (矩阵乘法的性质) 设 A, B, C 为三个矩阵以及 $a \in \mathbb{K}$, 则矩阵的乘法满足下列四条性质:

(1) (结合律) $(AB)C = A(BC)$.

(2) (分配律) $(A + B)C = AC + BC$ 且 $A(B + C) = AB + AC$.

(3) $a(AB) = (aA)B = A(aB)$.

(4) 如果 A 为 $m \times n$ 矩阵, 则有 $I_m A = A I_n = A$.

证明 我们只需要证明(1) 即可, 其他的三条按照定义直接验证即可. 设 $A = (a_{ij})_{m \times n}, B = (b_{jk})_{n \times p}$ 以及 $C = (c_{kl})_{p \times q}$, 则 $(AB)C$ 与 $A(BC)$ 都是 $m \times q$ 矩阵. 令 $AB = U = (u_{ik})_{m \times p}$ 以及 $BC = V = (v_{jl})_{n \times q}$, 其中

$$u_{ik} = \sum_{j=1}^{n} a_{ij} b_{jk}, \quad v_{jl} = \sum_{k=1}^{p} b_{jk} c_{kl}.$$

因此 $(AB)C = UC$ 的第 i 行第 l 列的元是

$$\sum_{k=1}^{p} u_{ik} c_{kl} = \sum_{k=1}^{p} (\sum_{j=1}^{n} a_{ij} b_{jk}) c_{kl} = \sum_{k=1}^{p} \sum_{j=1}^{n} a_{ij} b_{jk} c_{kl}; \tag{1.1}$$

而 $A(BC) = AV$ 的第 i 行第 l 列的元是

$$\sum_{j=1}^{n} a_{ij} v_{jl} = \sum_{j=1}^{n} (\sum_{k=1}^{p} b_{jk} c_{kl}) a_{ij} = \sum_{j=1}^{n} \sum_{k=1}^{p} a_{ij} b_{jk} c_{kl}; \tag{1.2}$$

由于此处的和均是有限和, 因此(1.1)与(1.2)的右端是相等的, 从而 $(AB)C = A(BC)$. □

注 矩阵乘法不满足交换律和消去律. 同时还存在非零矩阵 $A \neq 0$ 以及 $B \neq 0$ 使得 $AB = 0$.

例 1.5 设 $A = \begin{pmatrix} 1 & 1 \\ -1 & -1 \end{pmatrix}$ 以及 $B = \begin{pmatrix} 1 & -1 \\ -1 & 1 \end{pmatrix}$, 求 AB 及 BA.

解 直接计算可得

$$AB = \begin{pmatrix} 1 & 1 \\ -1 & -1 \end{pmatrix} \begin{pmatrix} 1 & -1 \\ -1 & 1 \end{pmatrix} = \begin{pmatrix} 0 & 0 \\ 0 & 0 \end{pmatrix}$$

以及

$$BA = \begin{pmatrix} 1 & -1 \\ -1 & 1 \end{pmatrix} \begin{pmatrix} 1 & 1 \\ -1 & -1 \end{pmatrix} = \begin{pmatrix} 2 & 2 \\ -2 & -2 \end{pmatrix}.$$

由此可知, $AB \neq BA$.   □

值得注意的是, 由 $AC = BC$ 以及 $C \neq 0$ 也推不出 $A = B$. 事实上,

$$\begin{pmatrix} 3 & 1 \\ 4 & 6 \end{pmatrix} \begin{pmatrix} 0 & 0 \\ 1 & 1 \end{pmatrix} = \begin{pmatrix} 2 & 1 \\ 4 & 6 \end{pmatrix} \begin{pmatrix} 0 & 0 \\ 1 & 1 \end{pmatrix}$$

但是

$$\begin{pmatrix} 3 & 1 \\ 4 & 6 \end{pmatrix} \neq \begin{pmatrix} 2 & 1 \\ 4 & 6 \end{pmatrix}.$$

定义 1.6 如果矩阵 A 与 B 满足 $AB = BA$, 则称 A 与 B 是**可交换的**.

下面我们来举一个可交换矩阵的例子.

例 1.6 假设当 $1 \leqslant i \neq j \leqslant n$ 时有 $a_i \neq a_j$; 且令 $A = \begin{pmatrix} a_1 & 0 & \cdots & 0 \\ 0 & a_2 & \cdots & 0 \\ \vdots & \vdots & & \vdots \\ 0 & 0 & \cdots & a_n \end{pmatrix}$.

则与 A 可交换的矩阵只能是对角矩阵.

证明 设矩阵 $B = (b_{ij})_{n \times n}$ 与 A 是可交换的, 则有

$$\begin{pmatrix} a_1b_{11} & a_1b_{12} & \cdots & a_1b_{1n} \\ a_2b_{21} & a_2b_{22} & \cdots & a_2b_{2n} \\ \vdots & \vdots & & \vdots \\ a_nb_{n1} & a_nb_{n2} & \cdots & a_nb_{nn} \end{pmatrix} = \begin{pmatrix} a_1b_{11} & a_2b_{12} & \cdots & a_nb_{1n} \\ a_1b_{21} & a_2b_{22} & \cdots & a_nb_{2n} \\ \vdots & \vdots & & \vdots \\ a_1b_{n1} & a_2b_{n2} & \cdots & a_nb_{nn} \end{pmatrix}.$$

因此可得 $a_ib_{ij} = a_jb_{ij}$ $(i,j = 1,2,\cdots,n)$. 所以, 当 $i \neq j$ 时, 由 $a_i \neq a_j$ 可知 $b_{ij} = 0$. 从而 B 是对角矩阵. $\square$

注 设 $A = (a_{ij})_{n \times n}$ 和 $B = (b_{ij})_{n \times n}$ 是两个同阶上三角矩阵(其中, 当 $i > j$ 时, 有 $a_{ij} = b_{ij} = 0$), 则 AB 仍然是上三角矩阵且其对角线元是 $a_{ii}b_{ii}$ $(i = 1,2,\cdots n)$. 但是, 反之不成立, 即: 由 AB 是上三角矩阵推不出 A、B 是上三角矩阵. 例如

$$\begin{pmatrix} 1 & 0 \\ 1 & -1 \end{pmatrix} \begin{pmatrix} 1 & 1 \\ 1 & 2 \end{pmatrix} = \begin{pmatrix} 1 & 1 \\ 0 & -1 \end{pmatrix}.$$

另外, 与对角矩阵不同, 上(或下)三角矩阵的乘法未必是可交换的. 例如: 令

$$A = \begin{pmatrix} 1 & 1 \\ 0 & 1 \end{pmatrix}, \quad B = \begin{pmatrix} 1 & 2 \\ 0 & 1 \end{pmatrix}, \quad C = \begin{pmatrix} 1 & 1 \\ 0 & 2 \end{pmatrix},$$

则有

$$AB = BA = \begin{pmatrix} 1 & 3 \\ 0 & 1 \end{pmatrix}$$

但是

$$BC = \begin{pmatrix} 1 & 5 \\ 0 & 2 \end{pmatrix}, \quad CB = \begin{pmatrix} 1 & 3 \\ 0 & 2 \end{pmatrix}.$$

由此可知, $BC \neq CB$.

由矩阵的乘法可以定义矩阵的幂运算. 设 A 是 n 阶方阵, 因为矩阵的乘法满足结合律, 所以 $\underbrace{AA \cdots A}_{p}$ 表示唯一的一个矩阵, 于是可以定义 A 的 p 次幂为

$$A^p = \underbrace{AA \cdots A}_{p}, \quad 其中 p \in \mathbb{N}.$$

即,

$$A^1 = A, \quad A^{p+1} = A^p \cdot A.$$

并且规定 $A^0 = I_n$.

由定义容易验证幂运算具有以下的性质:

命题　对于任意的 $p, q \in \mathbb{N}$, 有 $A^p \cdot A^q = A^{p+q}$ 以及 $(A^p)^q = A^{pq}$.

注　一般来说, $(AB)^p \neq A^p B^p$. 特别的, 当 A 与 B 可交换时, 有 $(AB)^p = A^p B^p$. 例如: 当 $A = \begin{pmatrix} 2 & 1 \\ 3 & 2 \end{pmatrix}$ 且 $B = \begin{pmatrix} 1 & -1 \\ 1 & 1 \end{pmatrix}$ 时, 我们可以知道

$$A^2 B^2 = \begin{pmatrix} 7 & 4 \\ 12 & 7 \end{pmatrix} \begin{pmatrix} 0 & -2 \\ 2 & 0 \end{pmatrix} = \begin{pmatrix} 8 & -14 \\ 14 & -24 \end{pmatrix}$$

以及

$$(AB)^2 = \begin{pmatrix} 3 & -1 \\ 5 & -1 \end{pmatrix}^2 = \begin{pmatrix} 4 & -2 \\ 10 & -4 \end{pmatrix}.$$

因此 $(AB)^2 \neq A^2 B^2$.

例 1.7　设 $A = I_n - \xi \xi^{\mathrm{T}}$, 其中 ξ 为 n 维非零列向量. 试证明: $A^2 = A$ 当且仅当 $\xi^{\mathrm{T}} \xi = 1$.

证明　直接验证可以知道

$$A^2 = A \quad \Leftrightarrow \quad I_n - 2\xi \xi^{\mathrm{T}} + \xi(\xi^{\mathrm{T}} \xi)\xi^{\mathrm{T}} = I_n - \xi \xi^{\mathrm{T}}$$
$$\Leftrightarrow \quad (1 - \xi^{\mathrm{T}} \xi)(\xi \xi^{\mathrm{T}}) = 0.$$

由 $\xi \neq 0$ 可知 $\xi \xi^{\mathrm{T}} \neq 0$, 从而可以推出 $A^2 = A \Leftrightarrow \xi^{\mathrm{T}} \xi = 1$.　　□

例 1.8　设 $A = \begin{pmatrix} 1 & \alpha & \beta \\ 0 & 1 & \alpha \\ 0 & 0 & 1 \end{pmatrix}$, 求 A^n.

解　由于 $A = I_3 + B$, 其中 $B = \begin{pmatrix} 0 & \alpha & \beta \\ 0 & 0 & \alpha \\ 0 & 0 & 0 \end{pmatrix}$, 故有

$$A^n = (I_3 + B)^n = I_3^n + n I_3^{n-1} B + \frac{n(n-1)}{2} I_3^{n-2} B^2 + \cdots + B^n,$$

其中

$$B^2 = \begin{pmatrix} 0 & 0 & \alpha^2 \\ 0 & 0 & 0 \\ 0 & 0 & 0 \end{pmatrix}, \quad B^3 = B^4 = \cdots = B^n = 0.$$

因此, 可以推出

$$\begin{aligned} A^n &= I_3 + nB + \frac{n(n-1)}{2}B^2 \\ &= \begin{pmatrix} 1 & n\alpha & \frac{n(n-1)}{2}\alpha^2 + n\beta \\ 0 & 1 & n\alpha \\ 0 & 0 & 1 \end{pmatrix}. \end{aligned}$$

□

例 1.9 当 A 与 B 可交换时, 有 $(A+B)^2 = A^2 + 2AB + B^2$. 注意: 上面的等式一般是不成立的. 例如: 令 $A = \begin{pmatrix} 1 & 1 \\ 0 & 1 \end{pmatrix}, B = \begin{pmatrix} 2 & 1 \\ 1 & 1 \end{pmatrix}$, 则有

$$(A+B)^2 = \begin{pmatrix} 3 & 2 \\ 1 & 2 \end{pmatrix}^2 = \begin{pmatrix} 11 & 12 \\ 5 & 6 \end{pmatrix}$$

以及

$$\begin{aligned} A^2 + 2B + B^2 &= \begin{pmatrix} 1 & 2 \\ 0 & 1 \end{pmatrix} + 2\begin{pmatrix} 3 & 2 \\ 1 & 1 \end{pmatrix} + \begin{pmatrix} 5 & 3 \\ 3 & 2 \end{pmatrix} \\ &= \begin{pmatrix} 12 & 9 \\ 5 & 5 \end{pmatrix}. \end{aligned}$$

因此, $(A+B)^2 \neq A^2 + 2AB + B^2$.

例 1.10 设

$$\alpha = \begin{pmatrix} 1 \\ 2 \\ 3 \\ 4 \end{pmatrix}, \quad \beta = \begin{pmatrix} 1 & \frac{1}{2} & \frac{1}{3} & \frac{1}{4} \end{pmatrix}.$$

求 $(\alpha\beta)^p$, 其中 $p \in \mathbb{N}$.

解 注意到

$$(\alpha\beta)^p = \underbrace{(\alpha\beta)(\alpha\beta)\cdots(\alpha\beta)}_{p} = \alpha\underbrace{(\beta\alpha)(\beta\alpha)\cdots(\beta\alpha)}_{p-1}\beta$$

以及

$$\beta\alpha = \begin{pmatrix} 1 & \frac{1}{2} & \frac{1}{3} & \frac{1}{4} \end{pmatrix}\begin{pmatrix} 1 \\ 2 \\ 3 \\ 4 \end{pmatrix} = 4,$$

则有 $(\beta\alpha)^{p-1} = 4^{p-1}$. 从而可得

$$(\alpha\beta)^p = \begin{pmatrix} 1 \\ 2 \\ 3 \\ 4 \end{pmatrix}4^{p-1}\begin{pmatrix} 1 & \frac{1}{2} & \frac{1}{3} & \frac{1}{4} \end{pmatrix}$$

$$= 4^{p-1}(\alpha\beta) = 4^{p-1}\begin{pmatrix} 1 & \frac{1}{2} & \frac{1}{3} & \frac{1}{4} \\ 2 & 1 & \frac{2}{3} & \frac{1}{2} \\ 3 & \frac{3}{2} & 1 & \frac{3}{4} \\ 4 & 2 & \frac{4}{3} & 1 \end{pmatrix}.$$

□

例 1.11 证明:

$$\begin{pmatrix} \cos\theta & -\sin\theta \\ \sin\theta & \cos\theta \end{pmatrix}^n = \begin{pmatrix} \cos n\theta & -\sin n\theta \\ \sin n\theta & \cos n\theta \end{pmatrix}.$$

证明 利用数学归纳法来证明. 当 $n = 1$ 时等式显然是成立的. 假设当 $n = k$ 时等式成立, 则有

$$\begin{pmatrix} \cos\theta & -\sin\theta \\ \sin\theta & \cos\theta \end{pmatrix}^{k+1}$$

$$= \begin{pmatrix} \cos\theta & -\sin\theta \\ \sin\theta & \cos\theta \end{pmatrix}^k\begin{pmatrix} \cos\theta & -\sin\theta \\ \sin\theta & \cos\theta \end{pmatrix}$$

$$= \begin{pmatrix} \cos k\theta & -\sin k\theta \\ \sin k\theta & \cos k\theta \end{pmatrix} \begin{pmatrix} \cos\theta & -\sin\theta \\ \sin\theta & \cos\theta \end{pmatrix}$$

$$= \begin{pmatrix} \cos k\theta\cos\theta - \sin k\theta\sin\theta & -\sin k\theta\cos\theta - \cos k\theta\sin\theta \\ \sin k\theta\cos\theta + \cos k\theta\sin\theta & \cos k\theta\cos\theta - \sin k\theta\sin\theta \end{pmatrix}$$

$$= \begin{pmatrix} \cos(k+1)\theta & -\sin(k+1)\theta \\ \sin(k+1)\theta & \cos(k+1)\theta \end{pmatrix}.$$

□

有了矩阵的加法、数乘以及乘法运算, 就可以定义**矩阵多项式**. 设

$$p(x) = a_m x^m + a_{m-1}x^{m-1} + \cdots + a_1 x + a_0 \in P[x]$$

为数域 $\mathbb{K}$ 上的 m 次多项式, 而 $A \in M_{n\times n}$, 则

$$a_m A^m + a_{m-1}A^{m-1} + \cdots + a_1 A + a_0 I_n$$

仍然是一个 n 阶矩阵, 记作 $p(A)$, 此时把 $p(A)$ 称为是 A 的 m **次矩阵多项式**.

利用定义直接验证矩阵多项式的如下性质:

命题　设 A 是 n 阶矩阵, $p_1(A)$ 和 $p_2(A)$ 分别是 A 的 m_1 次和 m_2 次矩阵多项式:

$$p_1(A) = \sum_{i=0}^{m_1} a_i A^i, \quad p_2(A) = \sum_{k=0}^{m_2} b_k A^k,$$

则 $p_1(A)p_2(A)$ 是 $m_1 + m_2$ 次矩阵多项式

$$p_1(A)p_2(A) = \left(\sum_{i=1}^{m_1} a_i A^i\right)\left(\sum_{k=0}^{m_2} b_k A^k\right) = \sum_{i=0}^{m_1}\sum_{k=0}^{m_2} a_i b_k A^{i+k}$$

$$= \sum_{i=0}^{m_1+m_2}\left(\sum_{j+k=i} a_j b_k\right)A^i.$$

此外, $p_1(A)$ 与 $p_2(A)$ 是可交换的.

例 1.12　设 $f(x) = 5x^2 - 2x - 4$ 且 $A = \begin{pmatrix} 1 & 2 \\ -1 & 1 \end{pmatrix}$, 求 $f(A)$.

解 由 $A^2 = \begin{pmatrix} -1 & 4 \\ -2 & -1 \end{pmatrix}$ 可知

$$
\begin{aligned}
f(A) &= 5A^2 - 2A - 4I_2 \\
&= 5\begin{pmatrix} -1 & 4 \\ -2 & -1 \end{pmatrix} - 2\begin{pmatrix} 1 & 2 \\ -1 & 1 \end{pmatrix} - 4\begin{pmatrix} 1 & 0 \\ 0 & 1 \end{pmatrix} \\
&= \begin{pmatrix} -11 & 16 \\ -8 & -11 \end{pmatrix}.
\end{aligned}
$$

$\square$

例 1.13 称 n 阶方阵

$$
F = \begin{pmatrix}
0 & 0 & \cdots & 0 & -a_n \\
1 & 0 & \cdots & 0 & -a_{n-1} \\
\vdots & \vdots & & \vdots & \vdots \\
0 & 0 & \cdots & 1 & -a_1
\end{pmatrix}
$$

为弗罗贝尼乌斯阵. 证明: 对任意的正整数 $1 \leqslant s \leqslant n-1$ 以及任意一组不全为零的数 $b_0, b_1, \cdots, b_s$ 必然有

$$
b_s F^s + b_{s-1} F^{s-1} + \cdots + b_1 F + b_0 I_n \neq 0.
$$

证明 记 $A = b_s F^s + b_{s-1} F^{s-1} + \cdots + b_1 F + b_0 I_n$, 下面证明 A 中至少有一列非零. 令

$$
\alpha = \begin{pmatrix} -a_n & -a_{n-1} & \cdots & -a_1 \end{pmatrix}^{\mathrm{T}},
$$

则有

$$
F = \begin{pmatrix} e_2 & e_3 & \cdots & e_n & \alpha \end{pmatrix}.
$$

这里, $e_i = \begin{pmatrix} 0 & \cdots & 0 & 1 & 0 & \cdots & 0 \end{pmatrix}^{\mathrm{T}}$ 表示第 i 个坐标为1而其余坐标为0的 n 维列向量. 注意到 A 的第1列可以表示为 Ae_1, 而

$$
Ae_1 = b_s F^s e_1 + b_{s-1} F^{s-1} e_1 + \cdots + b_1 F e_1 + b_0 e_1.
$$

又由于

$$Fe_1 = e_2, F^2 e_1 = Fe_2 = e_3, \cdots, F^s e_1 = e_{s+1} \quad (s+1 \leqslant n),$$

由此即得

$$
\begin{aligned}
Ae_1 &= b_s e_{s+1} + b_{s-1} e_s + \cdots + b_1 e_2 + b_0 e_1 \\
&= \begin{pmatrix} b_0 & b_1 & \cdots & b_s & 0\cdots0 \end{pmatrix}^{\mathrm{T}}.
\end{aligned}
$$

因为$b_0, b_1, \cdots, b_s$ 不全为零, 故Ae_1 (即A 的第1 列) 不等于零. $\square$

1.2.4 转置与共轭转置

对于矩阵的转置运算, 已在前面给了定义, 它有下面的性质.

命题 对任意的$A \in M_{m \times s}$ 以及$B \in M_{s \times n}$, 有$(AB)^{\mathrm{T}} = B^{\mathrm{T}} A^{\mathrm{T}}$.

证明 设$A = (a_{ij})_{m \times s}, B = (b_{jl})_{s \times n}$. 并令$AB = (u_{il})_{m \times n}$ 以及$B^{\mathrm{T}} A^{\mathrm{T}} = (v_{li})_{n \times m}$. 由矩阵乘法的定义可知$(AB)^{\mathrm{T}}$ 的第i行第l列的元是

$$u_{li} = \sum_{j=1}^{s} a_{lj} b_{ji}.$$

而B^{T}的第i行是$\begin{pmatrix} b_{1i} & b_{2i} & \cdots & b_{si} \end{pmatrix}$, A^{T}的第l列是$\begin{pmatrix} a_{l1} \\ a_{l2} \\ \vdots \\ a_{ls} \end{pmatrix}$. 因此$B^{\mathrm{T}} A^{\mathrm{T}} = (v_{li})_{n \times m}$的第$i$行第$l$列的元是

$$v_{il} = \sum_{j=1}^{s} b_{ji} a_{lj} = u_{il}.$$

从而可以知道$(AB)^{\mathrm{T}} = B^{\mathrm{T}} A^{\mathrm{T}}$.

注 由数学归纳法可知: 对于矩阵$A_1, A_2, \cdots, A_s$, 有

$$(A_1 A_2 \cdots A_s)^{\mathrm{T}} = A_s^{\mathrm{T}} \cdots A_2^{\mathrm{T}} A_1^{\mathrm{T}}.$$

例 1.14　设

$$A = \begin{pmatrix} 1 & -1 & 2 \end{pmatrix}, \quad B = \begin{pmatrix} 2 & -1 & 0 \\ 1 & 1 & 3 \\ 4 & 2 & 1 \end{pmatrix},$$

从而可以得到

$$AB = \begin{pmatrix} 1 & -1 & 2 \end{pmatrix} \begin{pmatrix} 2 & -1 & 0 \\ 1 & 1 & 3 \\ 4 & 2 & 1 \end{pmatrix} = \begin{pmatrix} 9 & 2 & -1 \end{pmatrix}.$$

又由于

$$A^{\mathrm{T}} = \begin{pmatrix} 1 \\ -1 \\ 2 \end{pmatrix}, \quad B^{\mathrm{T}} = \begin{pmatrix} 2 & 1 & 4 \\ -1 & 1 & 2 \\ 0 & 3 & 1 \end{pmatrix},$$

因此

$$B^{\mathrm{T}}A^{\mathrm{T}} = \begin{pmatrix} 2 & 1 & 4 \\ -1 & 1 & 2 \\ 0 & 3 & 1 \end{pmatrix} \begin{pmatrix} 1 \\ -1 \\ 2 \end{pmatrix} = \begin{pmatrix} 9 \\ 2 \\ -1 \end{pmatrix} = (AB)^{\mathrm{T}}.$$

特别地, 对于前面所提到的对称矩阵和反对称矩阵, 有下面的性质:

定理 1.1　设 A, B 是 n 阶矩阵, 则

(1) 如果 A, B 是(反)对称矩阵, 则对任意的 $k \in \mathbb{K}$, 有 $A + B, kA$ 均是(反)对称矩阵.

(2) 如果 A, B 是对称矩阵, 则 AB 是对称矩阵当且仅当 A 与 B 是可交换的.

(3) 反对称矩阵的对角线元素全为零.

证明　由定义直接验证可得. 　　□

定义 1.7　设 $A = (a_{ij})_{n \times m}$ 是 $n \times m$ 复矩阵,

(1) A 的**共轭矩阵** 是 $n \times m$ 矩阵 $(\overline{a_{ij}})_{n \times m}$, 记作 $\overline{A}$.

(2) A 的**共轭转置** 为 $(\overline{a_{ji}})_{m\times n}$, 记作 A^* 或者 $\overline{A}^{\mathrm{T}}$.

(3) 如果 A 是 n 阶方阵且 $A^* = A$, 则称为**厄米特矩阵**, 这时有 $\overline{a_{ij}} = a_{ji}$ ($\forall\, i, j = 1, 2, \cdots, n$).

(4) 如果 A 是 n 阶方阵且 $A^* = -A$, 则称为**反厄米特矩阵**, 这时有 $\overline{a_{ij}} = -a_{ji}$ ($\forall\, i, j = 1, 2, \cdots, n$).

由定义可知 $(\overline{A})^{\mathrm{T}} = \overline{A^{\mathrm{T}}}$; 复矩阵 A 是实矩阵当且仅当 $\overline{A} = A$.

1.2.5 矩阵的迹

定义 1.8 设 $A = (a_{ij})_{n\times n}$ 是 n 阶矩阵, 称

$$a_{11} + a_{22} + \cdots + a_{nn}$$

是矩阵 A 的**迹**, 记作 $\mathrm{tr}(A)$.

由定义可以证明下列的性质:

命题 设 A 和 B 是 n 阶矩阵且 $\lambda \in \mathbb{K}$, 则有

(1) $\mathrm{tr}(A + B) = \mathrm{tr}(A) + \mathrm{tr}(B)$;

(2) $\mathrm{tr}(\lambda A) = \lambda\mathrm{tr}(A)$;

(3) $\mathrm{tr}(A^{\mathrm{T}}) = \mathrm{tr}(A), \mathrm{tr}(\overline{A}) = \overline{\mathrm{tr}(A)}, \mathrm{tr}(A^*) = \overline{\mathrm{tr}(A)}$;

(4) $\mathrm{tr}(AB) = \mathrm{tr}(BA)$;

(5) $\mathrm{tr}(AA^*) = 0$ 当且仅当 $A = 0$.

证明 我们只证明 (4) 和 (5). 设 $A = (a_{ij})_{n\times n}$ 以及 $B = (b_{ij})_{n\times n}$.

(4) 由定义可知

$$\mathrm{tr}(AB) = \sum_{i=1}^{n}\sum_{j=1}^{n} a_{ij}b_{ji}$$

以及

$$\mathrm{tr}(BA) = \sum_{j=1}^{n}\sum_{i=1}^{n} b_{ji}a_{ij}.$$

因此 $\text{tr}(AB) = \text{tr}(BA)$.

(5) 当 $A = 0$ 时, 显然 $\text{tr}(AA^*) = 0$. 另一方面, 对于矩阵 $A = (a_{ij})_{n \times n}$ 而言, 我们有

$$\text{tr}(AA^*) = \sum_{i,j=1}^{n} |a_{ij}|^2.$$

因此, 由 $\text{tr}(AA^*) = 0$ 可知 $a_{ij} = 0$ $(i, j = 1, 2, \cdots, n)$, 从而 $A = 0$. $\quad\square$

例 1.15 设 A 是 $\mathbb{K}$ 上的 n 阶矩阵. 如果 $A^2 = AA^*$, 则有 $A = A^*$.

证明 只需要证明 $K := A - A^* = 0$. 由上述命题的(v) 可知, 只要去验证 $\text{tr}(KK^*) = 0$ 即可.

事实上, 由迹的定义可知

$$
\begin{aligned}
\text{tr}(KK^*) &= \text{tr}((A - A^*)(A - A^*)^*) \\
&= \text{tr}(AA^*) - \text{tr}(A^2) - \text{tr}(A^*)^2 + \text{tr}(A^*A) \\
&= 2\text{Re}\,\text{tr}(AA^*) - 2\text{Re}\,\text{tr}(A^2) \\
&= 2\text{Re}\,\text{tr}(AA^* - A^2) = 0.
\end{aligned}
$$

因此, 我们得出 $A = A^*$. $\quad\square$

习题1.2

1. 设

$$A = \begin{pmatrix} 1 & -1 & -1 \\ 1 & 1 & -1 \\ 1 & -1 & 1 \end{pmatrix}, \quad B = \begin{pmatrix} 1 & 1 & -1 \\ 2 & -1 & 0 \\ 1 & 0 & 1 \end{pmatrix}.$$

求: (1) $3AB - 2A$; (2) $AB^{\text{T}} + A^{\text{T}}B$.

2. 计算下列矩阵乘积:

$$(1) \begin{pmatrix} 2 & 1 & 4 & 0 \\ 1 & -1 & 3 & 4 \end{pmatrix} \begin{pmatrix} 1 & 5 \\ 0 & 3 \\ 2 & 7 \\ 2 & 1 \end{pmatrix};$$

(2) $\begin{pmatrix} x_1 & x_2 & x_3 \end{pmatrix} \begin{pmatrix} a_{11} & a_{12} & a_{13} \\ a_{21} & a_{22} & a_{23} \\ a_{31} & a_{32} & a_{33} \end{pmatrix} \begin{pmatrix} x_1 \\ x_2 \\ x_3 \end{pmatrix}.$

3. 计算 $\begin{pmatrix} 0 & 1 \\ -1 & 0 \end{pmatrix}^n.$

4. 设 $A = \begin{pmatrix} 1 & 1 & 1 \\ 1 & 1 & -1 \\ 1 & -1 & 1 \end{pmatrix}$ 以及 $B = \begin{pmatrix} 1 & 2 & 3 \\ -1 & -2 & 4 \\ 0 & 5 & 1 \end{pmatrix}$, 求 $3AB - 2A$ 和 $A^\mathrm{T}B$.

5. 设 $A = \begin{pmatrix} 2 & a & a^2 & a^3 \\ 0 & 2 & a & a^2 \\ 0 & 0 & 2 & a \\ 0 & 0 & 0 & 2 \end{pmatrix}$, 求 A^n.

6. 计算 $\begin{pmatrix} \lambda & 1 & 0 \\ 0 & \lambda & 1 \\ 0 & 0 & \lambda \end{pmatrix}^n.$

7. 计算 $\begin{pmatrix} 1 & -1 & -1 & -1 \\ -1 & 1 & -1 & -1 \\ -1 & -1 & 1 & -1 \\ -1 & -1 & -1 & 1 \end{pmatrix}^2$ 以及 $\begin{pmatrix} 1 & -1 & -1 & -1 \\ -1 & 1 & -1 & -1 \\ -1 & -1 & 1 & -1 \\ -1 & -1 & -1 & 1 \end{pmatrix}^n.$

8. 已知 $f(x) = x^2 - 5x + 3$ 以及 $A = \begin{pmatrix} 2 & -1 \\ -3 & 3 \end{pmatrix}$, 求 $f(A)$.

9. 设 $A = \begin{pmatrix} 1 & 0 & 1 \\ 0 & 2 & 0 \\ 1 & 0 & 1 \end{pmatrix}$ 且 $n \geqslant 2$ 是正整数. 求 $A^n - 2A^{n-1}$.

10. 设 n 阶行向量 $\alpha = \begin{pmatrix} \frac{1}{2} & 0 & \cdots & 0 & \frac{1}{2} \end{pmatrix}$，矩阵 $A = I_n - \alpha^{\mathrm{T}}\alpha$ 和 $B = I_n + 2\alpha^{\mathrm{T}}\alpha$.
    计算 AB.

11. 求出实数域上满足 $AA^{\mathrm{T}} = I_2$ 的二阶矩阵 A 的全体.

12. 求证: 2×2 阶实矩阵 A 满足 $A^2 = -I_2$ 当且仅当

$$A = \begin{pmatrix} \pm\sqrt{pq-1} & -p \\ q & \mp\sqrt{pq-1} \end{pmatrix}$$

其中 p, q 是实数且 $pq > 1$.

§1.3　矩阵的分块

对于阶数较高的矩阵, 通常采用分块的方式进行研究. 也就是把一个矩阵看作是由一些阶数较低的小矩阵构成的, 就如矩阵是由数构成的一样, 而在运算的过程中, 把这些小矩阵当作数来处理.

例 1.16　在矩阵

$$A = \begin{pmatrix} 1 & 0 & 0 & 0 \\ 0 & 1 & 0 & 0 \\ -1 & 2 & 1 & 0 \\ 1 & 1 & 0 & 1 \end{pmatrix} = \begin{pmatrix} I_2 & \mathbf{0} \\ A_1 & I_2 \end{pmatrix}$$

中, I_2 表示2阶单位矩阵, 而

$$A_1 = \begin{pmatrix} -1 & 2 \\ 1 & 1 \end{pmatrix}, \quad \mathbf{0} = \begin{pmatrix} 0 & 0 \\ 0 & 0 \end{pmatrix}.$$

在矩阵

$$B = \begin{pmatrix} 1 & 0 & 3 & 2 \\ -1 & 2 & 0 & 1 \\ 1 & 0 & 4 & 1 \\ -1 & -1 & 2 & 0 \end{pmatrix} = \begin{pmatrix} B_{11} & B_{12} \\ B_{21} & B_{22} \end{pmatrix}$$

中,

$$B_{11} = \begin{pmatrix} 1 & 0 \\ -1 & 2 \end{pmatrix}, \quad B_{12} = \begin{pmatrix} 3 & 2 \\ 0 & 1 \end{pmatrix},$$

$$B_{21} = \begin{pmatrix} 1 & 0 \\ -1 & -1 \end{pmatrix}, \quad B_{22} = \begin{pmatrix} 4 & 1 \\ 2 & 0 \end{pmatrix}.$$

在计算 AB 的过程中, 把 A, B 都看作由这些小矩阵组成的, 即按照2阶矩阵来计算. 于是就有

$$
\begin{aligned}
AB &= \begin{pmatrix} I_2 & \mathbf{0} \\ A_1 & I_2 \end{pmatrix} \begin{pmatrix} B_{11} & B_{12} \\ B_{21} & B_{22} \end{pmatrix} \\
&= \begin{pmatrix} B_{11} & B_{12} \\ A_1 B_{11} + B_{21} & A_1 B_{12} + B_{22} \end{pmatrix},
\end{aligned}
$$

其中

$$
\begin{aligned}
A_1 B_{11} + B_{21} &= \begin{pmatrix} -1 & 2 \\ 1 & 1 \end{pmatrix} \begin{pmatrix} 1 & 0 \\ -1 & 2 \end{pmatrix} + \begin{pmatrix} 1 & 0 \\ -1 & -1 \end{pmatrix} \\
&= \begin{pmatrix} -3 & 4 \\ 0 & 2 \end{pmatrix} + \begin{pmatrix} 1 & 0 \\ -1 & -1 \end{pmatrix} = \begin{pmatrix} -2 & 4 \\ -1 & 1 \end{pmatrix}, \\
A_1 B_{12} + B_{22} &= \begin{pmatrix} -1 & 2 \\ 1 & 1 \end{pmatrix} \begin{pmatrix} 3 & 2 \\ 0 & 1 \end{pmatrix} + \begin{pmatrix} 4 & 1 \\ 2 & 0 \end{pmatrix} \\
&= \begin{pmatrix} -3 & 0 \\ 3 & 3 \end{pmatrix} + \begin{pmatrix} 4 & 1 \\ 2 & 0 \end{pmatrix} = \begin{pmatrix} 1 & 1 \\ 5 & 3 \end{pmatrix}.
\end{aligned}
$$

因此就可以知道

$$AB = \begin{pmatrix} 1 & 0 & 3 & 2 \\ -1 & 2 & 0 & 1 \\ -2 & 4 & 1 & 1 \\ -1 & 1 & 5 & 3 \end{pmatrix}.$$

不难验证, 直接按照4阶矩阵的乘法定义来计算 AB, 结果是一样的.

一般来说, 设 $A = (a_{ik})_{s \times n}, B = (b_{kj})_{n \times m}$, 把 A, B 写成分块矩阵的形式

$$A = \begin{pmatrix} A_{11} & A_{12} & \cdots & A_{1l} \\ A_{21} & A_{22} & \cdots & A_{2l} \\ \vdots & \vdots & & \vdots \\ A_{t1} & A_{t2} & \cdots & A_{tl} \end{pmatrix},$$

和

$$B = \begin{pmatrix} B_{11} & B_{12} & \cdots & B_{1r} \\ B_{21} & B_{22} & \cdots & B_{2r} \\ \vdots & \vdots & & \vdots \\ B_{l1} & B_{l2} & \cdots & B_{lr} \end{pmatrix},$$

其中, 每个 A_{ij} 都是 $s_i \times n_j$ 矩阵, 而每个 B_{ij} 都是 $n_i \times m_j$ 矩阵. 于是就有

$$AB = \begin{pmatrix} C_{11} & C_{12} & \cdots & C_{1r} \\ C_{21} & C_{22} & \cdots & C_{2r} \\ \vdots & \vdots & & \vdots \\ C_{t1} & C_{t2} & \cdots & C_{tr} \end{pmatrix},$$

其中, 对任意的 $1 \leqslant p \leqslant t, 1 \leqslant q \leqslant r$,

$$C_{pq} = A_{p1}B_{1q} + A_{p2}B_{2q} + \cdots + A_{pl}B_{lq}$$

是 $s_i \times m_j$ 矩阵. 注意: 在上述运算过程中, 矩阵 A 中列的分法必须与矩阵 B 中行的分法相一致.

注 设 $A = \begin{pmatrix} A_{11} & A_{12} & \cdots & A_{1r} \\ A_{21} & A_{22} & \cdots & A_{2r} \\ \vdots & \vdots & & \vdots \\ A_{s1} & A_{s2} & \cdots & A_{sr} \end{pmatrix}$, 则有

$$A^{\mathrm{T}} = \begin{pmatrix} A_{11}^{\mathrm{T}} & A_{21}^{\mathrm{T}} & \cdots & A_{s1}^{\mathrm{T}} \\ A_{12}^{\mathrm{T}} & A_{22}^{\mathrm{T}} & \cdots & A_{s2}^{\mathrm{T}} \\ \vdots & \vdots & & \vdots \\ A_{1r}^{\mathrm{T}} & A_{2r}^{\mathrm{T}} & \cdots & A_{sr}^{\mathrm{T}} \end{pmatrix}.$$

正如前文所述, 称形如

$$\begin{pmatrix} a_1 & 0 & \cdots & 0 \\ 0 & a_2 & \cdots & 0 \\ \vdots & \vdots & & \vdots \\ 0 & 0 & \cdots & a_n \end{pmatrix}$$

的 n 阶矩阵为对角矩阵(其中, $a_1, a_2, \cdots, a_n$ 是数); 现在我们把形如

$$\begin{pmatrix} A_1 & 0 & \cdots & 0 \\ 0 & A_2 & \cdots & 0 \\ \vdots & \vdots & & \vdots \\ 0 & 0 & \cdots & A_n \end{pmatrix}$$

的 $m_1 + \cdots + m_n$ 阶矩阵称为 **准对角矩阵**, 其中 A_i 是 $m_i \times m_i$ 矩阵. 当然, 对角矩阵是准对角矩阵的一种特殊情形.

对于矩阵 $A = (a_{ij})_{m \times s}$ 与矩阵 $B = (b_{ij})_{s \times n}$ 的乘积矩阵 $AB = C = (c_{ij})_{m \times n}$. 可以把 A 按行分成 m 块, 把 B 按列分成 n 块, 则有

$$AB = \begin{pmatrix} \alpha_1 \\ \alpha_2 \\ \vdots \\ \alpha_m \end{pmatrix} \begin{pmatrix} \beta_1 & \beta_2 & \cdots & \beta_n \end{pmatrix}$$

$$= \begin{pmatrix} \alpha_1\beta_1 & \alpha_1\beta_2 & \cdots & \alpha_1\beta_n \\ \alpha_2\beta_1 & \alpha_2\beta_2 & \cdots & \alpha_2\beta_n \\ \vdots & \vdots & & \vdots \\ \alpha_m\beta_1 & \alpha_m\beta_2 & \cdots & \alpha_m\beta_n \end{pmatrix} = (c_{ij})_{m \times n}$$

其中

$$c_{ij} = \alpha_i\beta_j = \begin{pmatrix} a_{i1} & a_{i2} & \cdots & a_{is} \end{pmatrix} \begin{pmatrix} b_{1j} \\ b_{2j} \\ \vdots \\ b_{sj} \end{pmatrix} = \sum_{k=1}^{s} a_{ik}b_{kj}.$$

当用对角矩阵 $D \in M_{m\times m}$ 左乘矩阵 $A \in M_{m\times n}$ 时, 把 A 按行分块, 则有

$$
DA = \begin{pmatrix} \lambda_1 & & & \\ & \lambda_2 & & \\ & & \ddots & \\ & & & \lambda_m \end{pmatrix} \begin{pmatrix} \alpha_1 \\ \alpha_2 \\ \vdots \\ \alpha_m \end{pmatrix} = \begin{pmatrix} \lambda_1\alpha_1 \\ \alpha_2\alpha_2 \\ \vdots \\ \lambda_m\alpha_m \end{pmatrix}.
$$

当用对角矩阵 $D \in M_{n\times n}$ 右乘矩阵 $A \in M_{m\times n}$ 时, 把 A 按列分块, 则有

$$
AD = \begin{pmatrix} \beta_1 & \beta_2 & \cdots & \beta_n \end{pmatrix} \begin{pmatrix} \lambda_1 & & & \\ & \lambda_2 & & \\ & & \ddots & \\ & & & \lambda_m \end{pmatrix}
$$

$$
= \begin{pmatrix} \lambda_1\beta_1 & \lambda_2\beta_2 & \cdots & \beta_n\beta_n \end{pmatrix}.
$$

例 1.17　试证明: 实矩阵 $A = 0$ 当且仅当 $A^{\mathrm{T}}A = \mathbf{0}$.

证明　必要性的证明是显然的, 故只需要证明充分性.

设 $A = (a_{ij})_{m\times n}$, 用列向量来表示 A 为 $\begin{pmatrix} \alpha_1 & \alpha_2 & \cdots & \alpha_n \end{pmatrix}$, 则有

$$
A^{\mathrm{T}}A = \begin{pmatrix} \alpha_1^{\mathrm{T}} \\ \alpha_2^{\mathrm{T}} \\ \vdots \\ \alpha_n^{\mathrm{T}} \end{pmatrix} \begin{pmatrix} \alpha_1 & \alpha_2 & \cdots & \alpha_n \end{pmatrix} = \begin{pmatrix} \alpha_1^{\mathrm{T}}\alpha_1 & \alpha_1^{\mathrm{T}}\alpha_2 & \cdots & \alpha_1^{\mathrm{T}}\alpha_n \\ \alpha_2^{\mathrm{T}}\alpha_1 & \alpha_2^{\mathrm{T}}\alpha_2 & \cdots & \alpha_2^{\mathrm{T}}\alpha_n \\ \vdots & \vdots & & \vdots \\ \alpha_n^{\mathrm{T}}\alpha_1 & \alpha_n^{\mathrm{T}}\alpha_2 & \cdots & \alpha_n^{\mathrm{T}}\alpha_n \end{pmatrix}.
$$

由 $A^{\mathrm{T}}A = 0$ 可知 $\alpha_i^{\mathrm{T}}\alpha_i = 0 \ (i = 1, 2, \cdots, n)$. 直接验证可知

$$
\alpha_i^{\mathrm{T}}\alpha_i = \begin{pmatrix} a_{1i} & a_{2i} & \cdots & a_{mi} \end{pmatrix} \begin{pmatrix} a_{1i} \\ a_{2i} \\ \vdots \\ a_{mi} \end{pmatrix} = \sum_{k=1}^{m} a_{ki}^2,
$$

从而就有 $\sum\limits_{k=1}^{m} a_{ki}^2 = 0 \ (k = 1, 2, \cdots, n)$, 进而可以知道 $a_{ki} = 0 \ (k, i = 1, 2, \cdots, n)$, 也即得到 $A = \mathbf{0}$.　□

习题1.3

1. 设 $A = \begin{pmatrix} a_1 I_{n_1} & & & \\ & a_2 I_{n_2} & & \\ & & \ddots & \\ & & & a_s I_{n_s} \end{pmatrix}$, 其中 $\sum_{i=1}^{s} n_i = n$ 且当 $1 \leqslant i \neq j \leqslant s$ 时

有 $a_i \neq a_j$. 证明: 与 A 可交换的矩阵只能是准对角矩阵 $\begin{pmatrix} A_1 & & & \\ & A_2 & & \\ & & \ddots & \\ & & & A_s \end{pmatrix}$,

其中 A_i 是 n_i 阶矩阵 $(i = 1, 2, \cdots, s)$.

2. 将矩阵适当分块后进行计算:

(1) $\begin{pmatrix} 1 & 2 & 1 & 0 \\ 2 & 5 & 0 & 1 \\ 0 & 0 & 2 & 1 \\ 0 & 0 & 0 & 3 \end{pmatrix} \begin{pmatrix} 1 & 0 & 3 & 1 \\ 0 & 1 & 2 & -1 \\ 0 & 0 & -2 & 3 \\ 0 & 0 & 0 & -3 \end{pmatrix}$;

(2) $\begin{pmatrix} 1 & -1 & 0 & 0 \\ 2 & 3 & 0 & 0 \\ 0 & 1 & 0 & 0 \\ 0 & 0 & 1 & 4 \end{pmatrix} \begin{pmatrix} 1 & 0 & 0 & 0 \\ -2 & 0 & 0 & 0 \\ 0 & 3 & 2 & 1 \\ 0 & 4 & 3 & 4 \end{pmatrix}$.

§ 1.4 初等矩阵

我们先来定义矩阵的初等行变换.

定义 1.9 数域 $\mathbb{K}$ 上的矩阵的**初等行变换**是指下列三种变换:

(1) 常数 a 乘以矩阵的某一行, 这里 a 是 $\mathbb{K}$ 中的一个非零数;

(2) 把矩阵的某一行乘以 a 加到另一行, 这里 a 是数域 $\mathbb{K}$ 中的数;

(3) 互换矩阵中两行的位置.

类似地, 我们可以定义矩阵的初等列变换. 矩阵的初等行变换与初等列变换统称为**初等变换**.

一般来说, 矩阵经过初等变换后就变成了另一个矩阵. 比如说, 把矩阵

$$\begin{pmatrix} 1 & 0 & 2 & 1 \\ 2 & 1 & 0 & 2 \\ -1 & 2 & 1 & 3 \end{pmatrix}$$

的第一行乘以-2加到第二行, 就得到矩阵

$$\begin{pmatrix} 1 & 0 & 2 & 1 \\ 0 & 1 & -4 & 0 \\ -1 & 2 & 1 & 3 \end{pmatrix}.$$

本节的主要目的是要建立矩阵的初等变换与矩阵乘法的联系.

定义 1.10   由单位矩阵经过一次初等变换得到的矩阵称为**初等矩阵**.

初等矩阵都是方阵, 而且每一个初等变换都有一个与之对应的初等矩阵.

例 1.18   初等行变换主要对应下面三类初等矩阵:

(a) 对单位矩阵I_n的第i行与第j行互换位置

$$E_{i,j} = \begin{pmatrix} 1 & & & & & & & & \\ & \ddots & & & & & & & \\ & & 0 & \cdots & 1 & & & & \quad(i\text{行}) \\ & & 1 & & & & & & \\ & & \vdots & \ddots & \vdots & & & & \\ & & 1 & & & & & & \\ & & 1 & \cdots & 0 & & & & \quad(j\text{行}) \\ & & & & & & \ddots & & \\ & & & & & & & & 1 \end{pmatrix}.$$

(b) 设 $0 \neq a \in \mathbb{K}$, 单位矩阵 I_n 的第 i 行乘以 a

$$E_{i(a)} = \underset{(i\text{行})}{} \begin{pmatrix} 1 & & & & & & \\ & \ddots & & & & & \\ & & 1 & & & & \\ & & & a & & & \\ & & & & 1 & & \\ & & & & & \ddots & \\ & & & & & & 1 \end{pmatrix}.$$

(c) 设 $a \in \mathbb{K}$, 把单位矩阵 I_n 的第 j 行乘以 a 加到第 i 行

$$E_{i,j(a)} = \begin{array}{l} \\ \\ (i\text{行}) \\ \\ \\ \\ (j\text{行}) \\ \\ \end{array} \begin{pmatrix} 1 & & & & & & & \\ & \ddots & & & & & & \\ & & 1 & \cdots & & a & & \\ & & & 1 & & & & \\ & & & & \ddots & \vdots & & \\ & & & & & 1 & & \\ & & & & & & 1 & \\ & & & & & & & \ddots & \\ & & & & & & & & 1 \end{pmatrix}.$$

同样地, 我们可以得到与初等列变换相对应的初等矩阵. 利用矩阵的乘法, 立即可以得到:

定理 1.2 对一个 $m \times n$ 矩阵 A 做一次初等行变换, 相当于在 A 的左边乘以一个相应的 m 阶初等矩阵; 对 A 做一次初等列变换, 相当于在 A 的右边乘以一个相应的 n 阶初等矩阵.

证明 我们只考察初等行变换的情形, 初等列变换的情形可类似地证明. 令 $B = (b_{ij})_{m \times m}$ 是任意一个 $m \times m$ 矩阵, 而 $\alpha_1, \alpha_2, \cdots, \alpha_m$ 为 A 的行向量. 由

矩阵的分块乘法可知

$$BA = \begin{pmatrix} b_{11}\alpha_1 + b_{12}\alpha_2 + \cdots + b_{1m}\alpha_m \\ b_{21}\alpha_1 + b_{22}\alpha_2 + \cdots + b_{2m}\alpha_m \\ \vdots \\ b_{m1}\alpha_1 + b_{m2}\alpha_2 + \cdots + b_{mm}\alpha_m \end{pmatrix}.$$

特别地, 令 $B = E_{i,j}$ 得

$$E_{i,j}A = \begin{matrix} \\ \\ (i\text{行}) \\ \\ (j\text{行}) \\ \\ \\ \end{matrix} \begin{pmatrix} \alpha_1 \\ \vdots \\ \alpha_j \\ \vdots \\ \alpha_i \\ \vdots \\ \alpha_m \end{pmatrix}.$$

这相当于把 A 的第 i 行与第 j 行互换.

令 $B = E_{i(c)}$, 可得

$$E_{i(c)}A = (i\text{行}) \begin{pmatrix} \alpha_1 \\ \vdots \\ \alpha_{i-1} \\ c\alpha_i \\ \alpha_{i+1} \\ \vdots \\ \alpha_m \end{pmatrix},$$

这相当于用 c 乘 A 的第 i 行.

令 $B = E_{i,j(k)}$ 得

$$E_{i,j(k)}A = \begin{matrix} \\ \\ \\ \\ (i行) \\ \\ (j行) \\ \\ \\ \\ \end{matrix} \begin{pmatrix} \alpha_1 \\ \vdots \\ \alpha_{i-1} \\ \alpha_i + k\alpha_j \\ \alpha_{i+1} \\ \vdots \\ \alpha_j \\ \vdots \\ \alpha_m \end{pmatrix},$$

这相当于把 A 的第 j 行乘以 k 之后加到第 i 行. □

定义 1.11 矩阵 A 与 B 称为是**等价的**, 如果 B 可以由 A 经过一系列初等变换得到.

直接由定义可以看出, 矩阵间的等价关系具有以下性质:

(1) 矩阵 A 与其自身是等价的;

(2) 对于任意两个矩阵 A 和 B, 如果 A 与 B 等价, 则 B 与 A 是等价的;

(3) 对于任意三个矩阵 A, B, C, 如果 A 与 B 等价且 B 与 C 等价, 则有 A 与 C 等价.

定理 1.3 任意一个 $m \times n$ 矩阵 $A = (a_{ij})_{m \times n}$ 都与形如

$$\begin{pmatrix} I_r & 0 \\ 0 & 0 \end{pmatrix}$$

的矩阵等价, 并称其为 A 的**标准型**. 称 r 为矩阵 A 的**秩**.

证明 不妨假设 $A \neq 0$. 当 $a_{11} = 0$ 时, 通过互换某两行或者某两列的位置, 一定可以使第一行第一列的数不为零. 因此不妨假设 $a_{11} \neq 0$.

首先, 对任意的 $i = 2, 3, \cdots, m$, 把第 i 行减去第一行的 $a_{11}^{-1} a_{i1}$ 倍; 同时, 对于 $j = 2, 3, \cdots, n$, 把第 j 列减去第一列的 $a_{11}^{-1} a_{1j}$ 倍; 然后用 a_{11}^{-1} 乘以第一列. 这样一来, A 就变成了

$$
\begin{pmatrix}
1 & 0 & \cdots & 0 \\
0 & & & \\
\vdots & & A_1 & \\
0 & & &
\end{pmatrix},
$$

其中 A_1 是一个 $(m-1) \times (n-1)$ 矩阵. 然后, 对 A_1 再重复上面的步骤, 一直下去就可以得到所需要的标准型. $\square$

注   矩阵 A 与 B 是等价的充分必要条件是: 存在初等矩阵 P_1, P_2, $\cdots, P_t, Q_1, Q_2, \cdots, Q_s$ 使得

$$
A = P_1 P_2 \cdots P_t B Q_1 Q_2 \cdots Q_s.
$$

命题   设 A, B 均是 n 阶矩阵且 $AB = 0$. 试证明

$$
r(A) + r(B) \leqslant n.
$$

证明   构造分块矩阵 $\begin{pmatrix} B & I_n \\ 0 & A \end{pmatrix}$, 那么通过初等变换就有

$$
\begin{pmatrix} B & I_n \\ 0 & A \end{pmatrix} \rightarrow \begin{pmatrix} B & I_n \\ -AB & 0 \end{pmatrix} = \begin{pmatrix} B & I_n \\ 0 & 0 \end{pmatrix} \rightarrow \begin{pmatrix} 0 & I_n \\ 0 & 0 \end{pmatrix}.
$$

因此

$$
r \begin{pmatrix} B & I_n \\ 0 & A \end{pmatrix} = r \begin{pmatrix} 0 & I_n \\ 0 & 0 \end{pmatrix} = n.
$$

又注意到

$$
r \begin{pmatrix} B & I_n \\ 0 & A \end{pmatrix} \geqslant r(A) + r(B),
$$

我们可以导出 $r(A) + r(B) \leqslant n$. $\square$

例 1.19 用初等矩阵把下列矩阵化为标准型

$$A = \begin{pmatrix} 1 & 1 & 3 & 1 \\ 1 & 3 & 2 & 5 \\ 2 & 2 & 6 & 7 \\ 2 & 4 & 5 & 6 \end{pmatrix}.$$

解 对A作初等行变换和初等列变换, 可得

$$A \rightarrow \begin{pmatrix} 1 & 1 & 3 & 1 \\ 0 & 2 & -1 & 4 \\ 0 & 0 & 0 & 5 \\ 0 & 2 & -1 & 4 \end{pmatrix} \rightarrow \begin{pmatrix} 1 & 0 & 0 & 0 \\ 0 & 2 & -1 & 4 \\ 0 & 0 & 0 & 5 \\ 0 & 2 & -1 & 4 \end{pmatrix}$$

$$\rightarrow \begin{pmatrix} 1 & 0 & 0 & 0 \\ 0 & 2 & -1 & 4 \\ 0 & 0 & 0 & 5 \\ 0 & 0 & 0 & 0 \end{pmatrix} \rightarrow \begin{pmatrix} 1 & 0 & 0 & 0 \\ 0 & 2 & 0 & 0 \\ 0 & 0 & 0 & 5 \\ 0 & 0 & 0 & 0 \end{pmatrix}$$

$$\rightarrow \begin{pmatrix} 1 & 0 & 0 & 0 \\ 0 & 1 & 0 & 0 \\ 0 & 0 & 1 & 0 \\ 0 & 0 & 0 & 0 \end{pmatrix}.$$

此即所求. □

定义 1.12 对于$m \times n$矩阵A, 如果$r(A) = m$, 则称A是**行满秩矩阵**; 如果$r(A) = n$, 则称A是**列满秩矩阵**. 因而, 对于n阶方阵A, 如果$r(A) = n$, 则称其为**满秩矩阵**.

注 对于n阶矩阵A, 如果A是满秩矩阵, 由定理1.3可知存在初等矩阵$A_1, A_2, \cdots, A_s$使得$A_1 A_2 \cdots A_s A = I_n$.

定义 1.13 对于n阶矩阵A, 如果存在矩阵$B \in M_{n \times n}$使得$AB = BA = I_n$, 则称A是**可逆矩阵**; 而把B称作是A的**逆**, 记作A^{-1}.

显然, 初等矩阵都是可逆矩阵. 由定义可知满秩矩阵与可逆矩阵是等价的两个概念.

注 如果矩阵 A 是可逆的, 则其逆矩阵 A^{-1} 是唯一的. 事实上, 设 B, C 都是 A 的逆, 则有

$$B = BI_n = B(AC) = (BA)C = I_nC = C.$$

例 1.20 当 $ad - bc \neq 0$ 时, 2 阶矩阵 $\begin{pmatrix} a & b \\ c & d \end{pmatrix}$ 是可逆的, 其逆是

$$\begin{pmatrix} a & b \\ c & d \end{pmatrix}^{-1} = \frac{1}{ad - bc} \begin{pmatrix} d & -b \\ -c & a \end{pmatrix}.$$

特别地,

$$\begin{pmatrix} \cos\theta & -\sin\theta \\ \sin\theta & \cos\theta \end{pmatrix}^{-1} = \begin{pmatrix} \cos\theta & \sin\theta \\ -\sin\theta & \cos\theta \end{pmatrix}.$$

由定义可以直接验证下面的命题:

命题 逆矩阵有如下的性质:

(1) 如果 A 是可逆矩阵, 则 A^{-1} 也是可逆矩阵且 $(A^{-1})^{-1} = A$;

(2) 如果 A 是可逆矩阵且 $\lambda \in \mathbb{K}$ $(\lambda \neq 0)$, 则 λA 也是可逆的且有

$$(\lambda A)^{-1} = \frac{1}{\lambda} A^{-1};$$

(3) 如果 A, B 是同阶的可逆矩阵, 则 AB 也是可逆的且有

$$(AB)^{-1} = B^{-1}A^{-1};$$

(4) 如果 A 是可逆矩阵, 则其转置 A^{T} 也是可逆的且 $(A^{\mathrm{T}})^{-1} = (A^{-1})^{\mathrm{T}}$.

证明 此处仅仅验证(3), 其余的类似可证.

由

$$(AB)(B^{-1}A^{-1}) = A(BB^{-1})A^{-1} = AIA^{-1} = AA^{-1} = I$$

可得 $(AB)^{-1} = B^{-1}A^{-1}$. □

当 A 是 n 阶可逆矩阵时, 可以定义

$$A^0 = I_n, \quad A^{-k} = (A^{-1})^k,$$

其中 k 为正整数; 从而有下面的运算律:

命题 当 A 是 n 阶可逆矩阵时, 对任意的整数 $k, l \in \mathbb{Z}$, 有

$$A^k A^l = A^{k+l}, \quad (A^k)^l = A^{kl}.$$

例 1.21 设 A 是秩为 r 的 n 阶矩阵, 则必存在 n 阶满秩矩阵 P, 使得

$$P^{-1}AP = \begin{pmatrix} B \\ \mathbf{0} \end{pmatrix},$$

其中 B 是 $r \times n$ 阶行满秩矩阵.

证明 由定理 1.3 可知, 存在 n 阶满秩矩阵 R 与 Q 使得

$$RAQ = \begin{pmatrix} I_r & \mathbf{0} \\ \mathbf{0} & \mathbf{0} \end{pmatrix}.$$

记 $R^{-1} = P, Q^{-1}P = \begin{pmatrix} B \\ C \end{pmatrix}$, 其中 B 为 $r \times n$ 阶矩阵且 C 为 $(n-r) \times n$ 阶矩阵, 则上式化为

$$P^{-1}AP = \begin{pmatrix} I_r & \mathbf{0} \\ \mathbf{0} & \mathbf{0} \end{pmatrix} \begin{pmatrix} B \\ C \end{pmatrix} = \begin{pmatrix} B \\ \mathbf{0} \end{pmatrix}.$$

容易验证 B 是行满秩矩阵. □

注意到: n 阶可逆矩阵的秩为 n, 所以 n 阶可逆矩阵的标准型是单位矩阵 I_n, 从而可以导出下面的结论.

定理 1.4 n 阶矩阵 A 是可逆矩阵的充分必要条件是: 它能写为初等矩阵的乘积

$$A = P_1 P_2 \cdots P_t. \tag{1.3}$$

注 由上述定理可知 $P_t^{-1} \cdots P_2^{-1} P_1^{-1} A = I_n$. 由于初等矩阵的逆仍然是初等矩阵, 而在 A 的左边乘初等矩阵就相当于是对 A 做初等行变换. 因此我们有: 可逆矩阵一定可以通过初等行变换化为单位矩阵.

以上的讨论给出了求逆矩阵的一个方法. 利用(1.3), 对于 $n \times (2n)$ 矩阵 $\begin{pmatrix} A & I_n \end{pmatrix}$, 通过矩阵的初等行变换可知

$$
\begin{aligned}
P_t^{-1} \cdots P_2^{-1} P_1^{-1} \begin{pmatrix} A & I_n \end{pmatrix} &= \begin{pmatrix} P_t^{-1} \cdots P_2^{-1} P_1^{-1} A & P_t^{-1} \cdots P_2^{-1} P_1^{-1} I_n \end{pmatrix} \\
&= \begin{pmatrix} I_n & A^{-1} \end{pmatrix}.
\end{aligned} \tag{1.4}
$$

例 1.22 如果 $A_1, A_2, \cdots, A_t$ 都是可逆矩阵, 则有

$$
\begin{pmatrix} A_1 & & & \\ & A_2 & & \\ & & \ddots & \\ & & & A_t \end{pmatrix}^{-1} = \begin{pmatrix} A_1^{-1} & & & \\ & A_2^{-1} & & \\ & & \ddots & \\ & & & A_t^{-1} \end{pmatrix}.
$$

例 1.23 设

$$
A = \begin{pmatrix} 0 & 1 & 2 \\ 1 & 1 & 4 \\ 2 & -1 & 0 \end{pmatrix},
$$

求 A^{-1}.

解 对 $\begin{pmatrix} A & I_3 \end{pmatrix}$ 进行初等行变换可得

$$
\begin{aligned}
\begin{pmatrix} A & I_3 \end{pmatrix} &= \begin{pmatrix} 0 & 1 & 2 & 1 & 0 & 0 \\ 1 & 1 & 4 & 0 & 1 & 0 \\ 2 & -1 & 0 & 0 & 0 & 1 \end{pmatrix} \rightarrow \begin{pmatrix} 1 & 1 & 4 & 0 & 1 & 0 \\ 0 & 1 & 2 & 1 & 0 & 0 \\ 2 & -1 & 0 & 0 & 0 & 1 \end{pmatrix} \\
&\rightarrow \begin{pmatrix} 1 & 1 & 4 & 0 & 1 & 0 \\ 0 & 1 & 2 & 1 & 0 & 0 \\ 0 & -3 & -8 & 0 & -2 & 1 \end{pmatrix} \rightarrow \begin{pmatrix} 1 & 1 & 4 & 0 & 1 & 0 \\ 0 & 1 & 2 & 1 & 0 & 0 \\ 0 & 0 & -2 & 3 & -2 & 1 \end{pmatrix} \\
&\rightarrow \begin{pmatrix} 1 & 1 & 4 & 0 & 1 & 0 \\ 0 & 1 & 0 & 4 & -2 & 1 \\ 0 & 0 & -2 & 3 & -2 & 1 \end{pmatrix} \rightarrow \begin{pmatrix} 1 & 1 & 0 & 6 & -3 & 2 \\ 0 & 1 & 0 & 4 & -2 & 1 \\ 0 & 0 & -2 & 3 & -2 & 1 \end{pmatrix}
\end{aligned}
$$

$$\rightarrow \begin{pmatrix} 1 & 0 & 0 & 2 & -1 & 1 \\ 0 & 1 & 0 & 4 & -2 & 1 \\ 0 & 0 & -2 & 3 & -2 & 1 \end{pmatrix} \rightarrow \begin{pmatrix} 1 & 0 & 0 & 2 & -1 & 1 \\ 0 & 1 & 0 & 4 & -2 & 1 \\ 0 & 0 & 1 & -\frac{3}{2} & 1 & -\frac{1}{2} \end{pmatrix}$$

可知 $A^{-1} = \begin{pmatrix} 2 & -1 & 1 \\ 4 & -2 & 1 \\ -\frac{3}{2} & 1 & -\frac{1}{2} \end{pmatrix}$. $\quad\square$

例 1.24 将可逆矩阵 $A = \begin{pmatrix} 1 & 2 \\ 3 & 4 \end{pmatrix}$ 表示为初等矩阵的乘积.

解 由

$$\begin{pmatrix} 1 & 0 \\ -3 & 1 \end{pmatrix} \begin{pmatrix} 1 & 2 \\ 3 & 4 \end{pmatrix} = \begin{pmatrix} 1 & 2 \\ 0 & -2 \end{pmatrix},$$

$$\begin{pmatrix} 1 & 1 \\ 0 & 1 \end{pmatrix} \begin{pmatrix} 1 & 2 \\ 0 & -2 \end{pmatrix} = \begin{pmatrix} 1 & 0 \\ 0 & -2 \end{pmatrix},$$

$$\begin{pmatrix} 1 & 0 \\ 0 & -\frac{1}{2} \end{pmatrix} \begin{pmatrix} 1 & 0 \\ 0 & -2 \end{pmatrix} = \begin{pmatrix} 1 & 0 \\ 0 & 1 \end{pmatrix} = I_2$$

可知

$$\begin{pmatrix} 1 & 0 \\ 0 & -\frac{1}{2} \end{pmatrix} \begin{pmatrix} 1 & 1 \\ 0 & 1 \end{pmatrix} \begin{pmatrix} 1 & 0 \\ -3 & 1 \end{pmatrix} \begin{pmatrix} 1 & 2 \\ 3 & 4 \end{pmatrix} = I_2.$$

从而就有

$$\begin{aligned} A &= \left(\begin{pmatrix} 1 & 0 \\ 0 & -\frac{1}{2} \end{pmatrix} \begin{pmatrix} 1 & 1 \\ 0 & 1 \end{pmatrix} \begin{pmatrix} 1 & 0 \\ -3 & 1 \end{pmatrix} \right)^{-1} \\ &= \begin{pmatrix} 1 & 0 \\ -3 & 1 \end{pmatrix}^{-1} \begin{pmatrix} 1 & 1 \\ 0 & 1 \end{pmatrix}^{-1} \begin{pmatrix} 1 & 0 \\ 0 & -\frac{1}{2} \end{pmatrix}^{-1} \\ &= \begin{pmatrix} 1 & 0 \\ 3 & 1 \end{pmatrix} \begin{pmatrix} 1 & -1 \\ 0 & 1 \end{pmatrix} \begin{pmatrix} 1 & 0 \\ 0 & -2 \end{pmatrix}. \end{aligned}$$

此即所求. $\quad\square$

例 1.25 设 A 是 $m \times n$ 矩阵(其中 $m < n$) 且 $r(A) = m$. 证明: 存在 $n \times m$ 矩阵 B, 使得 $AB = I_m$.

证明 由 $r(A) = m$ 可知, 存在 m 阶可逆矩阵 P 以及 n 阶可逆矩阵 Q 使得

$$PAQ = \begin{pmatrix} I_m & \mathbf{0} \end{pmatrix},$$

也就是

$$A = P^{-1} \begin{pmatrix} I_m & \mathbf{0} \end{pmatrix} Q^{-1}.$$

取 $B = Q \begin{pmatrix} I_m \\ \mathbf{0} \end{pmatrix} P$, 则 B 是秩为 m 的 $n \times m$ 矩阵. 因此就有

$$AB = P^{-1} \begin{pmatrix} I_m & \mathbf{0} \end{pmatrix} Q^{-1} Q \begin{pmatrix} I_m \\ \mathbf{0} \end{pmatrix} P = P^{-1} I_m P = I_m.$$

此即得证.   □

例 1.26 设分块矩阵 $P = \begin{pmatrix} A & B \end{pmatrix}$, 其中 A 是 n 阶可逆矩阵, B 是 $n \times m$ 矩阵. 试求矩阵 Q, 使得 $PQ = I_n$.

解 由于 P 是 $n \times (n+m)$ 矩阵, 因此 Q 应该是 $(n+m) \times n$ 矩阵. 将 Q 进行分块 $\begin{pmatrix} C \\ D \end{pmatrix}$, 其中 C 是 n 阶矩阵, D 是 $m \times n$ 矩阵. 于是有

$$PQ = \begin{pmatrix} A & B \end{pmatrix} \begin{pmatrix} C \\ D \end{pmatrix} = AC + BD = I_n.$$

所以, 当取 $C = A^{-1}, D = \mathbf{0}$ 时, 矩阵 $Q = \begin{pmatrix} A^{-1} \\ \mathbf{0} \end{pmatrix}$ 即为所求.   □

例 1.27 设矩阵

$$T_1 = \begin{pmatrix} A & B \\ C & D \end{pmatrix},$$

又 T_1 和 D 都是可逆的. 试证明: $(A - BD^{-1}C)^{-1}$ 存在并求 T_1^{-1}.

解 由

$$\begin{pmatrix} I_m & -BD^{-1} \\ \mathbf{0} & I_n \end{pmatrix} \begin{pmatrix} A & B \\ C & D \end{pmatrix} = \begin{pmatrix} A - BD^{-1}C & \mathbf{0} \\ C & D \end{pmatrix}$$

可知, 上式右端仍然可逆, 因而 $(A - BD^{-1}C)^{-1}$ 是存在的. 进而有

$$\begin{aligned}
T_1^{-1} &= \begin{pmatrix} A - BD^{-1}C & \mathbf{0} \\ C & D \end{pmatrix}^{-1} \begin{pmatrix} I_m & -BD^{-1} \\ \mathbf{0} & I_n \end{pmatrix} \\
&= \begin{pmatrix} (A - BD^{-1}C)^{-1} & \mathbf{0} \\ -D^{-1}C(A - BD^{-1}C)^{-1} & D^{-1} \end{pmatrix} \begin{pmatrix} I_m & -BD^{-1} \\ \mathbf{0} & I_n \end{pmatrix} \\
&= \begin{pmatrix} (A - BD^{-1}C)^{-1} & -(A - BD^{-1}C)^{-1}BD^{-1} \\ -D^{-1}C(A - BD^{-1}C)^{-1} & D^{-1}C(A - BD^{-1}C)^{-1}BD^{-1} + D^{-1} \end{pmatrix} .
\end{aligned}$$

此即所求.   □

例 1.28 设 $A = \begin{pmatrix} 5 & 0 & 0 \\ 0 & 3 & 1 \\ 0 & 2 & 1 \end{pmatrix}$, 求 A^{-1}.

解 将 A 进行分块

$$A = \begin{pmatrix} A_1 & \mathbf{0} \\ \mathbf{0} & A_2 \end{pmatrix},$$

其中 $A_1 = \begin{pmatrix} 5 \end{pmatrix}$, $A_2 = \begin{pmatrix} 3 & 1 \\ 2 & 1 \end{pmatrix}$. 由 $A_1^{-1} = \begin{pmatrix} \frac{1}{5} \end{pmatrix}$ 以及 $A_2^{-1} = \begin{pmatrix} 1 & -1 \\ -2 & 3 \end{pmatrix}$ 可知

$$A^{-1} = \begin{pmatrix} \frac{1}{5} & 0 & 0 \\ 0 & 1 & -1 \\ 0 & -2 & 3 \end{pmatrix}.$$

此即所求.   □

作为定理1.3 的应用, 我们有如下的命题.

命题　设 A 为 $m \times n$ 矩阵而 P 是 m 阶可逆矩阵, Q 是 n 阶可逆矩阵满足 $PAQ = \begin{pmatrix} I_s & \mathbf{0} \\ \mathbf{0} & \mathbf{0} \end{pmatrix}$, 则有

$$\begin{pmatrix} P & \mathbf{0} \\ \mathbf{0} & I_n \end{pmatrix} \begin{pmatrix} A & I_m \\ I_n & \mathbf{0} \end{pmatrix} \begin{pmatrix} Q & \mathbf{0} \\ \mathbf{0} & I_m \end{pmatrix} = \begin{pmatrix} \begin{pmatrix} I_s & \mathbf{0} \\ \mathbf{0} & \mathbf{0} \end{pmatrix} & P \\ Q & \mathbf{0} \end{pmatrix}. \tag{1.5}$$

证明　由 P, Q 是可逆矩阵可知, $\begin{pmatrix} P & \mathbf{0} \\ \mathbf{0} & I_n \end{pmatrix}$ 和 $\begin{pmatrix} Q & \mathbf{0} \\ \mathbf{0} & I_m \end{pmatrix}$ 也是可逆的. 则它们可以表示为有限个初等矩阵的乘积. 于是只要将 $\begin{pmatrix} A & I_m \\ I_n & \mathbf{0} \end{pmatrix}$ 的前 m 行前 n 列进行初等变换化为 $\begin{pmatrix} \begin{pmatrix} I_s & \mathbf{0} \\ \mathbf{0} & \mathbf{0} \end{pmatrix} & P \\ Q & \mathbf{0} \end{pmatrix}$ 的形式, 则 P, Q 就是使得 $PAQ = \begin{pmatrix} I_s & \mathbf{0} \\ \mathbf{0} & \mathbf{0} \end{pmatrix}$ 成立的可逆矩阵.　□

例 1.29　设

$$A = \begin{pmatrix} 0 & 1 & -1 & -1 \\ 1 & 1 & 0 & 1 \\ -1 & -2 & 1 & 0 \end{pmatrix}.$$

求可逆矩阵 P 和 Q 使得 PAQ 成为 $\begin{pmatrix} I_s & \mathbf{0} \\ \mathbf{0} & \mathbf{0} \end{pmatrix}$ 的形式.

解　对 $\begin{pmatrix} A & I_3 \\ I_4 & \mathbf{0} \end{pmatrix}$ 进行行初等变换得到 $\begin{pmatrix} B & P \\ Q & \mathbf{0} \end{pmatrix}$, 其中 $B = \begin{pmatrix} 1 & 0 & 0 & 0 \\ 0 & 1 & 0 & 0 \\ 0 & 0 & 0 & 0 \end{pmatrix}$,

$$P = \begin{pmatrix} 0 & 1 & 0 \\ 1 & 0 & 0 \\ 1 & 1 & 1 \end{pmatrix}, Q = \begin{pmatrix} 1 & -1 & -1 & -2 \\ 0 & 1 & 1 & 1 \\ 0 & 0 & 1 & 0 \\ 0 & 0 & 0 & 1 \end{pmatrix}. \quad \square$$

例 1.30 (谢尔曼-莫里森公式) 设 A 是 n 阶可逆矩阵, α, β 是 n 维列向量且有 $\beta^{\mathrm{T}} A^{-1} \alpha \neq -1$. 则 $A + \alpha \beta^{\mathrm{T}}$ 是可逆矩阵且

$$(A + \alpha \beta^{\mathrm{T}})^{-1} = A^{-1} - \frac{A^{-1} \alpha \beta^{\mathrm{T}} A^{-1}}{1 + \beta^{\mathrm{T}} A^{-1} \alpha}.$$

证明 对分块矩阵 $\begin{pmatrix} 1 & -\beta^{\mathrm{T}} & 1 & 0 \\ 0 & A + \alpha \beta^{\mathrm{T}} & 0 & I_n \end{pmatrix}$ 进行初等行变换有

$$\begin{pmatrix} 1 & -\beta^{\mathrm{T}} & 1 & \mathbf{0} \\ \mathbf{0} & A + \alpha \beta^T & \mathbf{0} & I_n \end{pmatrix} \rightarrow \begin{pmatrix} 1 & -\beta^{\mathrm{T}} & 1 & \mathbf{0} \\ \alpha & A & \alpha & I_n \end{pmatrix}$$

$$\rightarrow \begin{pmatrix} 1 + \beta^{\mathrm{T}} A^{-1} \alpha & \mathbf{0} & 1 + \beta^{\mathrm{T}} A^{-1} \alpha & \beta^{\mathrm{T}} A^{-1} \\ \alpha & A & \alpha & I_n \end{pmatrix}$$

$$\rightarrow \begin{pmatrix} 1 + \beta^{\mathrm{T}} A^{-1} \alpha & \mathbf{0} & 1 + \beta^{\mathrm{T}} A^{-1} \alpha & \beta^{\mathrm{T}} A^{-1} \\ \mathbf{0} & A & \mathbf{0} & I_n - \frac{\alpha \beta^{\mathrm{T}} A^{-1}}{1 + \beta^{\mathrm{T}} A^{-1} \alpha} \end{pmatrix}$$

$$\rightarrow \begin{pmatrix} 1 & \mathbf{0} & 1 & \frac{\beta^{\mathrm{T}} A^{-1}}{1 + \beta^{\mathrm{T}} A^{-1} \alpha} \\ \mathbf{0} & I_n & \mathbf{0} & A^{-1} - \frac{A^{-1} \alpha \beta^{\mathrm{T}} A^{-1}}{1 + \beta^{\mathrm{T}} A^{-1} \alpha} \end{pmatrix}.$$

从而 $\begin{pmatrix} 1 & -\beta \\ \mathbf{0} & A + \alpha \beta^{\mathrm{T}} \end{pmatrix}$ 是可逆矩阵, 因此 $A + \alpha \beta^{\mathrm{T}}$ 也是可逆矩阵且

$$\begin{pmatrix} 1 & -\beta \\ \mathbf{0} & A + \alpha \beta^{\mathrm{T}} \end{pmatrix}^{-1} = \begin{pmatrix} 1 & \frac{\beta^{\mathrm{T}} A^{-1}}{1 + \beta^{\mathrm{T}} A^{-1}} \\ \mathbf{0} & A^{-1} - \frac{A^{-1} \alpha \beta^{\mathrm{T}} A^{-1}}{1 + \beta^{\mathrm{T}} A^{-1} \alpha} \end{pmatrix}.$$

按照定义应有

$$\begin{pmatrix} 1 & -\beta \\ \mathbf{0} & A + \alpha \beta^{\mathrm{T}} \end{pmatrix}^{-1} = \begin{pmatrix} 1 & * \\ \mathbf{0} & (A + \alpha \beta^{\mathrm{T}})^{-1} \end{pmatrix},$$

因此可以导出

$$(A + \alpha\beta^{\mathrm{T}})^{-1} = A^{-1} - \frac{A^{-1}\alpha\beta^{\mathrm{T}}A^{-1}}{1 + \beta^{\mathrm{T}}A^{-1}\alpha}.$$

□

习题1.4

1. 求矩阵A和B的秩, 其中

$$A = \begin{pmatrix} 1 & 2 & 3 \\ 2 & 3 & -5 \\ 4 & 7 & 1 \end{pmatrix}, \quad B = \begin{pmatrix} 2 & -1 & 0 & 3 & -2 \\ 0 & 3 & 1 & -2 & 5 \\ 0 & 0 & 0 & 4 & -3 \\ 0 & 0 & 0 & 0 & 0 \end{pmatrix}.$$

2. 求A^{-1}, 其中A为

$$(1) \begin{pmatrix} 1 & 1 & -1 \\ 2 & 1 & 0 \\ 1 & -1 & 0 \end{pmatrix}, \quad (2) \begin{pmatrix} 2 & 2 & 3 \\ 1 & -1 & 0 \\ -1 & 2 & 1 \end{pmatrix}, \quad (3) \begin{pmatrix} 1 & 2 & 3 & 4 \\ 2 & 3 & 1 & 2 \\ 1 & 1 & 1 & -1 \\ 1 & 0 & -2 & -6 \end{pmatrix},$$

$$(4) \begin{pmatrix} 1 & 1 & 1 & 1 \\ 1 & 1 & -1 & -1 \\ 1 & -1 & 1 & -1 \\ 1 & -1 & -1 & 1 \end{pmatrix}, \quad (5) \begin{pmatrix} 3 & 3 & -4 & -3 \\ 0 & 6 & 1 & 1 \\ 5 & 4 & 2 & 1 \\ 2 & 3 & 3 & 2 \end{pmatrix}, \quad (6) \begin{pmatrix} 2 & 1 & 0 & 0 \\ 3 & 2 & 0 & 0 \\ 5 & 7 & 1 & 8 \\ -1 & -3 & -1 & -6 \end{pmatrix}.$$

3. 设$G = \begin{pmatrix} \mathbf{0} & A \\ C & \mathbf{0} \end{pmatrix}$, 其中$A \in M_n, C \in M_s$均可逆. 求$G^{-1}$.

4. 设$A = \begin{pmatrix} 0 & a_1 & 0 & \cdots & 0 & 0 \\ 0 & 0 & a_2 & \cdots & 0 & 0 \\ \vdots & \vdots & \vdots & & \vdots & \vdots \\ 0 & 0 & 0 & \cdots & 0 & a_{n-1} \\ a_n & 0 & 0 & \cdots & 0 & 0 \end{pmatrix}$, 其中$a_i \neq 0\,(i = 1, 2, \cdots, n)$. 求$A^{-1}$.

5. 求矩阵 $A = \begin{pmatrix} 1 & 1 & 1 & 1 \\ 1 & -1 & 1 & -1 \\ 1 & 1 & -1 & -1 \\ 1 & -1 & -1 & 1 \end{pmatrix}$ 的逆.

6. 设

$$A = \begin{pmatrix} 3 & 5 & 5 \\ 2 & 4 & 3 \\ -2 & 2 & -3 \end{pmatrix}, \quad B = \begin{pmatrix} 1 & 2 \\ -2 & 1 \\ 1 & 3 \end{pmatrix}$$

且 $AX = B$, 试求 X.

7. 设 $A = \begin{pmatrix} 2 & -1 & -1 \\ 1 & 1 & -2 \\ 4 & -6 & 2 \end{pmatrix}$ 的标准型是 B. 试求 B, 并求可逆矩阵 P 使得 $PA = B$.

8. 设 A, C 分别是 m 阶和 n 阶可逆矩阵, B 是 $n \times m$ 矩阵. 试证明 $M = \begin{pmatrix} \mathbf{0} & A \\ C & B \end{pmatrix}$ 是可逆矩阵, 并求出 M^{-1}.

9. 设 $AP = PB$, 其中 $P = \begin{pmatrix} 1 & 1 & 1 \\ 1 & 0 & -2 \\ 1 & -1 & 1 \end{pmatrix}$ 且 $B = \begin{pmatrix} -1 & & \\ & 1 & \\ & & 5 \end{pmatrix}$. 求 $\varphi(A) = A^8(5I_3 - 6A + A^2)$.

10. 如果 $A \in M_{m \times n}, B \in M_{n \times l}, AB = C$ 且 $r(A) = n$, 试证明 $r(B) = r(C)$.

10. 设 $A = \begin{pmatrix} 1 & -2 & 3a \\ -1 & 2a & -3 \\ a & -2 & 3 \end{pmatrix}$, 问: 当 a 取什么值的时, 使得   (1) $r(A) = 1$;
(2) $r(A) = 2$; (3) $r(A) = 3$.

第二章 行列式

行列式起源于求解线性方程组, 其基础在19世纪由柯西所奠定. 由于它在理论中的重要作用, 行列式理论广泛应用于力学、工程数学以及其他科学领域. 本章将介绍行列式理论的基本内容.

§2.1 行列式的定义与性质

设M_n 是数域$\mathbb{K}$ 上的n 阶矩阵的集合.

定义 2.1 一个函数$\delta_n : M_n \to \mathbb{K}$ 称为**行列式函数**, 如果它满足下面五个条件:

(1) $\delta_n(I_n) = 1$.

(2) 如果矩阵A的某一行全为0, 则有$\delta_n(A) = 0$

(3) 对任意的$1 \leqslant i \neq j \leqslant n$, 有$\delta_n(E_{i,j}A) = -\delta_n(A)$.

(4) 对任意的$1 \leqslant i \neq j \leqslant n$ 以及$c \in \mathbb{K}$, 有$\delta_n(E_{i,j(c)}A) = \delta_n(A)$.

(5) 对任意的$1 \leqslant i \leqslant n$ 以及$0 \neq c \in \mathbb{K}$, 有$\delta_n(E_{i(c)}A) = c\delta_n(A)$.

注 对任意的$1 \leqslant i \neq j \leqslant n$ 以及$c \in \mathbb{K}$, 有

(1) $\delta_n(E_{i,j}) = \delta_n(E_{i,j}^{\mathrm{T}}) = -1$,

(2) $\delta_n(E_{i,j(c)}) = \delta_n(E_{i,j(c)}^{\mathrm{T}}) = 1$,

(3) $\delta_n(E_{i(c)}) = \delta_n(E_{i(c)}^{\mathrm{T}}) = c$.

例 2.1   当 $n = 1$ 时, 函数 $\delta_1 : (a) \in M_1 \mapsto a \in \mathbb{K}$ 是一个行列式函数.
当 $n = 2$ 时, 函数

$$\delta_2 : \begin{pmatrix} a_{11} & a_{12} \\ a_{21} & a_{22} \end{pmatrix} \in M_2 \mapsto a_{11}a_{22} - a_{12}a_{21} \in \mathbb{K}$$

是一个行列式函数.

例 2.2   由定义 2.1(1)(5) 可知: 如果 $A = (a_{ij})_{n \times n} \in M_n$ 是一个对角矩阵
且 $\delta_n : M_n \to \mathbb{K}$ 是行列式函数, 则有

$$\delta_n(A) = \prod_{i=1}^{n} a_{ii}\delta_n(I_n) = \prod_{i=1}^{n} a_{ii}.$$

我们将证明, 对任意的自然数 $n \in \mathbb{N}$, 存在行列式函数 $\delta_n : M_n \to \mathbb{K}$ 且此
函数是唯一的. 为此, 首先给出一些性质并且验证其唯一性.

定理 2.1   对任意自然数 $n \in \mathbb{N}$, 至多存在一个行列式函数 $\delta_n : M_n \to \mathbb{K}$.

证明   假设 $\delta_n : M_n \to \mathbb{K}$ 和 $\eta_n : M_n \to \mathbb{K}$ 都是行列式函数. 令 $\beta = \eta_n - \delta_n$,
则函数 $\beta : M_n \to \mathbb{K}$ 具有以下的性质:

(1) $\beta(I_n) = 0$;

(2) 当 A 的某一行全是 0 时, 有 $\beta(A) = 0$;

(3) 对任意的 $1 \leqslant i \neq j \leqslant n$, 有 $\beta(E_{i,j}A) = -\beta(A)$;

(4) 对任意的 $1 \leqslant i \neq j \leqslant n$ 以及 $c \in \mathbb{K}$, 有 $\beta(E_{i,j(c)}A) = \beta(A)$;

(5) 对任意的 $1 \leqslant i \leqslant n$ 以及 $0 \neq c \in \mathbb{K}$, 有 $\beta(E_{i(c)}A) = c\beta(A)$.

特别地, 如果 $A \in M_n$ 且 E 是一个初等矩阵, 则有

- $\beta(A)$ 与 $\beta(EA)$ 同时等于 0

  或者

- $\beta(A)$ 与 $\beta(EA)$ 同时不等于 0.

另一方面, 对任意的矩阵$A \in M_n$, 存在初等矩阵$E_1, \cdots, E_m$ 使得

- $E_1 \cdots E_m A = I_n$

  或者

- $E_1 \cdots E_m A$ 至少有一行全是0.

这样一来, 对任意的$A \in M_n$, 我们就有$\beta(A) = 0$. 此即说明$\beta = 0$, 进而得到$\delta_n = \eta_n$.   □

定理 2.2   设$\delta_n : M_n \to \mathbb{K}$ 是一个行列式函数, 则$\delta_n(A) \neq 0$ 当且仅当A 可逆.

证明   如果A 是可逆的, 则存在初等矩阵$A_1, \cdots, A_t$ 使得$A_1 \cdots A_t A = I_n$. 由行列式函数δ_n 的定义可知: $\delta_n(A) = c\delta_n(I_n) = c$, 其中$0 \neq c \in \mathbb{K}$. 从而$\delta_n(A) \neq 0$.

另一方面, 如果$\delta_n(A) \neq 0$而A是不可逆的, 则存在初等矩阵$A_1, \cdots, A_t \in M_n$ 使得$A_1 \cdots A_t A$至少有一行全是0. 但是

$$0 \neq \delta_n(A) = \delta_n(A_1 \cdots A_t A) = 0,$$

此为矛盾.   □

定理 2.3   设$\delta_n : M_n \to \mathbb{K}$ 是行列式函数. 如果矩阵A的某两行相等, 则有$\delta_n(A) = 0$.

证明   设矩阵A 的第i 与j行是相等的, 则有$A = E_{i,j}A$, 从而

$$\delta_n(A) = \delta_n(E_{i,j}A) = -\delta_n(A).$$

因此可以得到$\delta_n(A) = 0$.   □

定理 2.4   设$\delta_n : M_n \to \mathbb{K}$ 是行列式函数. 对于任意的$A, B \in M_n$, 有

(1) $\delta_n(AB) = \delta_n(A)\delta_n(B)$,

(2) $\delta_n(AB) = \delta_n(BA)$.

证明 (1) 当 A, B 有一个不可逆时, 不妨设 A 是不可逆的, 则存在可逆矩阵 P 和 Q 使得

$$PAQ = \begin{pmatrix} I_r & \mathbf{0} \\ \mathbf{0} & \mathbf{0} \end{pmatrix}.$$

因此可以推出

$$\delta_n(PAB) = \delta_n((PAQ)(A^{-1}B)) = \delta_n(\begin{pmatrix} I_r & \mathbf{0} \\ \mathbf{0} & \mathbf{0} \end{pmatrix}(Q^{-1}B)) = 0,$$

从而就有 $\delta_n(AB) = 0$. 此即得到

$$\delta_n(AB) = \delta_n(A)\delta_n(B) = 0.$$

注意到 AB 可逆当且仅当 A, B 均可逆, 因而我们可以知道 $\delta_n(AB) \neq 0$ 当且仅当 $\delta_n(A) \neq 0$ 且 $\delta_n(B) \neq 0$.

如果 $\delta_n(A) \neq 0$ 且 $\delta_n(B) \neq 0$, 则存在初等矩阵 $E_1, \cdots, E_t, G_1, \cdots, G_s \in M_{n \times n}$ 使得 $A = E_1 \cdots E_t$ 且 $B = G_1 \cdots G_s$. 这样一来可以知道

$$AB = E_1 \cdots E_t G_1 \cdots G_s,$$

进而有 $\delta_n(AB) = \delta_n(A)\delta_n(B)$.

(2) 由于 $\delta_n(A)\delta_n(B) = \delta_n(B)\delta_n(A)$ 以及 (1) 立刻可以得到. □

定理 2.5 设 $\delta_n : M_n \to \mathbb{K}$ 是行列式函数. 如果 $A \in M_n$ 是一个可逆矩阵, 则有 $\delta_n(A^{-1}) = \delta_n(A)^{-1}$.

证明 由定理2.4 可知 $\delta_n(A)\delta_n(A^{-1}) = \delta_n(AA^{-1}) = \delta_n(I_n) = 1$, 进而可得此命题的结论. □

定理 2.6 设 $\delta_n : M_n \to \mathbb{K}$ 是行列式函数. 如果 $A \in M_n$, 则有

(1) 对任意的 $1 \leqslant i \neq j \leqslant n$, 有 $\delta_n(AE_{i,j}) = -\delta_n(A)$;

(2) 对任意的 $1 \leqslant i \neq j \leqslant n$ 和 $c \in \mathbb{K}$, 有 $\delta_n(AE_{i,j(c)}) = \delta_n(A)$;

(3) 对任意的 $1 \leqslant i \leqslant n$ 和 $0 \neq c \in \mathbb{K}$, 有 $\delta_n(AE_{i(c)}) = c\delta_n(A)$.

证明　直接由定义以及定理2.4(2) 可知.　□

定理 2.7　设$\delta_n : M_n \to \mathbb{K}$ 是行列式函数. 如果$A \in M_n$, 则有$\delta_n(A) = \delta_n(A^{\mathrm{T}})$.

证明　如果A是不可逆矩阵, 则A^{T}也是不可逆的, 从而就有$\delta_n(A) = \delta_n(A^{\mathrm{T}}) = 0$.

如果A 是可逆矩阵, 则存在初等矩阵$E_1, \cdots, E_t \in M_n$ 使得

$$E_1 \cdots E_t A = I_n = I_n^{\mathrm{T}} = A^{\mathrm{T}} E_t^{\mathrm{T}} \cdots E_1^{\mathrm{T}}.$$

因而

$$\delta_n(E_1 \cdots E_t A) = \delta_n(A^{\mathrm{T}} E_t^{\mathrm{T}} \cdots E_1^{\mathrm{T}}).$$

由此即可得到$\delta_n(A) = \delta_n(A^{\mathrm{T}})$.　□

但是, 当$n > 2$ 时, 直到现在为止我们还不知道行列式函数$\delta_n : M_n \to \mathbb{K}$ 是否存在. 所以下面要来构造这些行列式函数.

我们把集合$\{1, 2, \cdots, n\}$的所有置换的集合记为$\mathcal{S}_n$, 也就是: $\pi \in \mathcal{S}_n$ 是一个从$\{1, 2, \cdots, n\}$到其自身的双射. 置换有如下简单的性质:

- 对于任意一个$\pi \in \mathcal{S}_n$, 存在$\pi^{-1} \in \mathcal{S}_n$ 使得$\pi\pi^{-1}$ 和$\pi^{-1}\pi$ 都等于恒等映射.

- 当$\pi, \pi' \in \mathcal{S}_n$ 时, 有$\pi\pi' \in \mathcal{S}_n$.

定理 2.8　对于$n \in \mathbb{N}$, 集合$\mathcal{S}_n$含有$n!$个元素.

证明　对于$\mathcal{S}_n$ 中的任意一个π. 有n种可能选出$\pi(1)$, 从而有$n-1$ 中可能选出$\pi(2)$, 依次进行下去, 可以知道共有$n(n-1)\cdots 1 = n!$ 种可能定义出整个π.　□

令$\pi \in \mathcal{S}_n$ 以及$1 \leqslant i < j \leqslant n$, 称数对$(i, j)$为$\pi$ 的**逆序**, 如果$\pi(i) > \pi(j)$. 也即是, (i, j)是π的逆序当且仅当

$$\frac{i - j}{\pi(i) - \pi(j)} < 0.$$

把π 中不同的逆序的个数记为$\varrho(\pi)$, 并且定义π的符号为$\mathrm{sgn}(\pi) = (-1)^{\varrho(\pi)}$. 也就是

$$\mathrm{sgn}(\pi) = \begin{cases} 1, & \text{当 } \pi \text{ 有偶数个逆序时}; \\ -1, & \text{当 } \pi \text{ 有奇数个逆序时}. \end{cases}$$

显然, 对任意的 $\pi \in \mathcal{S}_n$, 有 $\mathrm{sgn}(\pi) = \mathrm{sgn}(\pi^{-1})$. 如果 $\mathrm{sgn}(\pi) = 1$, 则称 π 是**偶置换**; 如果 $\mathrm{sgn}(\pi) = -1$, 则称 π 是**奇置换**.

例 2.3 设 $\pi \in \mathcal{S}_4$ 是 $1 \mapsto 3, 2 \mapsto 4, 3 \mapsto 2, 4 \mapsto 1$. 则所有可能的逆序是 $(1,3), (1,4), (2,3), (2,4), (3,4)$, 从而 $\mathrm{sgn}(\pi) = -1$.

对任意的 $n \in \mathbb{N}$. 设 $A = (a_{ij})_{n \times n} \in M_n$, 则可以定义函数 $A \in M_n \mapsto |A| \in \mathbb{K}$ 为

$$|A| = \sum_{\pi \in \mathcal{S}_n} \mathrm{sgn}(\pi) a_{\pi(1),1} a_{\pi(2),2} \cdots a_{\pi(n),n}.$$

如果 $\tau = \pi^{-1}$, 则有

$$a_{\pi(1),1} a_{\pi(2),2} \cdots a_{\pi(n),n} = a_{1,\tau(1)} a_{2,\tau(2)} \cdots a_{n,\tau(n)},$$

从而可知

$$|A| = \sum_{\tau \in \mathcal{S}_n} \mathrm{sgn}(\tau) a_{1,\tau(1)} a_{2,\tau(2)} \cdots a_{n,\tau(n)}.$$

因此, 对任意的 $A \in M_n$ 有 $|A| = |A^{\mathrm{T}}|$. 如果 $\mathbb{K} = \mathbb{C}$, 由 $\overline{c+d} = \bar{c} + \bar{d}$ 以及 $\overline{cd} = \bar{c}\bar{d}$ 可得 $|\overline{A}| = \overline{|A|}$, 其中 $\overline{A} = (\overline{a_{ij}})$.

例 2.4 对于矩阵 $A = (a_{ij})_{3 \times 3} \in M_3$, 有

$$\begin{aligned} |A| &= a_{11}a_{22}a_{33} + a_{12}a_{23}a_{31} + a_{13}a_{21}a_{32} \\ &\quad - a_{11}a_{23}a_{32} - a_{13}a_{22}a_{31} - a_{12}a_{21}a_{33}. \end{aligned}$$

定理 2.9 设 $A \in M_n$. 任意固定 $1 \leqslant h \leqslant n$, 令 $a_{hj} = b_{hj} + c_{hj}(j = 1, 2, \cdots, n)$. 当 $1 \leqslant i, j \leqslant n$ 且 $i \neq h$ 时, 令 $b_{ij} = c_{ij} = a_{ij}$. 设 $B = (b_{ij})_{n \times n}, C = (c_{ij})_{n \times n}$, 则有 $|A| = |B| + |C|$.

证明 由 $|A|$ 的定义可知

$$\begin{aligned} |A| &= \sum_{\pi \in \mathcal{S}_n} \mathrm{sgn}(\pi) a_{1,\pi(1)} a_{2,\pi(2)} \cdots a_{n,\pi(n)} \\ &= \sum_{\pi \in \mathcal{S}_n} \mathrm{sgn}(\pi) a_{1,\pi(1)} \cdots [b_{h,\pi(h)} + c_{h,\pi(h)}] \cdots a_{n,\pi(n)} \\ &= \sum_{\pi \in \mathcal{S}_n} \mathrm{sgn}(\pi) a_{1,\pi(1)} \cdots b_{h,\pi(h)} \cdots a_{n,\pi(n)} \end{aligned}$$

$$+ \sum_{\pi \in \mathcal{S}_n} \mathrm{sgn}(\pi) a_{1,\pi(1)} \cdots c_{h,\pi(h)} \cdots a_{n,\pi(n)}$$
$$= |B| + |C|.$$

$\square$

下面就来证明行列式函数的存在性.

定理 2.10 对任意的 $n > 1$, 函数 $A \in M_n \mapsto |A| \in \mathbb{K}$ 是一个行列式函数.

证明 当 $\pi \in \mathcal{S}_n$ 且 $A = (a_{ij})_{n \times n} \in M_n$ 时, 为了简单起见, 我们引入记号 $u(\pi, A) = \mathrm{sgn}(\pi) a_{1,\pi(1)} a_{2,\pi(2)} \cdots a_{n,\pi(n)}$.

(1) 当 π 是恒等置换时, 有 $u(\pi, I_n) = 1$; 当 π' 不是恒等置换时, $u(\pi', I_n) = 0$. 因此 $|I_n| = 1$.

(2) 假设矩阵 A 的某一行全是零, 此时在每一个 $u(\pi, A)$ 里面都有一项是 0, 因此 $|A| = 0$.

(3) 设 $A \in M_n$ 是一个矩阵, 令 $B = E_{ij} A$. 取置换 $\rho \in \mathcal{S}_n$ 使得 i 与 j 交换而其他位置保持不变. 从而, 对任意的 $\pi \in \mathcal{S}_n$, 都有 $\mathrm{sgn}(\pi\rho) \neq \mathrm{sgn}(\pi)$, 进而得到

$$-u(\pi, A) = u(\pi\rho, A) = u(\pi, B).$$

这就证得了 $|B| = -|A|$.

(4) 由行列式的定义可知: 当 $F = E_{i(c)} A$ 时, 就有 $|F| = c|A|$.

(5) 令 $A = (a_{ij})_{n \times n} \in M_n$ 为矩阵且 $G = E_{i,j(c)} A$, 则 G 可以写为 $(b_{ht})_{n \times n}$, 其中,

$$b_{ht} = \begin{cases} a_{ht}, & \text{当} h \neq j \text{且} 1 \leq t \leq n \text{时}; \\ a_{ht} + c a_{it}, & \text{当} h = j \text{且} 1 \leq t \leq n \text{时}. \end{cases}$$

由此可以导出: $|G| = |A| + |C|$, 其中矩阵 C 的第 i 行是 $c_{jt} = c a_{it}$ ($t = 1, 2, \cdots, n$), 而其他行与 A 相应的行相同. 进而有 $|C| = c|D|$, 其中 D 的第 i 行和第 j 行相等. 由 $D = E_{ij} D$ 可知 $|D| = -|D|$, 从而我们得到 $|C| = c|D| = 0$, 故 $|A| = |G|$. $\square$

综上可知, 对于数域 $\mathbb{K}$ 和任意的自然数 $n \in \mathbb{N}$, 存在唯一一个行列式函数 $A \in M_n(\mathbb{K}) \mapsto |A| \in \mathbb{K}$. 此时我们称 $|A|$ 为矩阵 A 的**行列式**.

例 2.5 对于自然数 $n > 1$, $c_1, c_2, \cdots, c_n$ 是数域 $\mathbb{K}$ 中的两两互不相等 n 个数. 设 $A = (a_{ij})_{n \times n}$ 为范德蒙矩阵, 其中 $a_{ij} = c_j^{i-1}$, 则有

$$|A| = \prod_{1 \le i < j \le n} (c_j - c_i) \ne 0.$$

证明 我们对 n 作数学归纳法. 当 $n = 2$ 时, 有

$$\begin{vmatrix} 1 & 1 \\ c_1 & c_2 \end{vmatrix} = c_2 - c_1.$$

归纳假设对于 $n-1$ 阶范德蒙行列式结论是成立的, 下面来验证 n 阶行列式的情形. 在 $|A|$ 中, 第 n 行减去第 $n-1$ 行的 c_1 倍, 第 $n-1$ 行减去第 $n-2$ 行的 c_1 倍, 也就是由下而上依次的从每一行减去它上一行的 c_1 倍, 则有

$$\begin{aligned}
|A| &= \begin{vmatrix} 1 & 1 & 1 & \cdots & 1 \\ 0 & c_2 - c_1 & c_3 - c_1 & \cdots & c_n - c_1 \\ 0 & c_2^2 - c_1 c_2 & c_3^2 - c_1 a_3 & \cdots & c_n^2 - c_1 c_n \\ \vdots & \vdots & \vdots & \vdots & \vdots \\ 0 & c_2^{n-1} - c_1 c_2^{n-2} & c_3^{n-1} - c_1 c_3^{n-2} & \cdots & c_n^{n-1} - c_1 c_n^{n-2} \end{vmatrix} \\
&= \begin{vmatrix} c_2 - c_1 & c_3 - c_1 & \cdots & c_n - c_1 \\ c_2^2 - c_1 c_2 & c_3^2 - c_1 c_3 & \cdots & c_n^2 - c_1 c_n \\ \vdots & \vdots & \vdots & \vdots \\ c_2^{n-1} - c_1 c_2^{n-2} & c_3^{n-1} - c_1 c_3^{n-2} & \cdots & c_n^{n-1} - c_1 c_n^{n-2} \end{vmatrix} \\
&= (c_1 - c_1)(c_3 - c_1) \cdots (c_n - c_1) \begin{vmatrix} 1 & 1 & \cdots & 1 \\ c_2 & c_3 & \cdots & c_n \\ \vdots & \vdots & \vdots & \vdots \\ c_2^{n-2} & c_3^{n-2} & \cdots & c_n^{n-2} \end{vmatrix}.
\end{aligned}$$

后面的行列式是 $n-1$ 阶范德蒙行列式. 由数学归纳法可知, 它等于所有 $c_i - c_j$ $(2 \le j < i \le n)$ 的乘积. 因此, 这就完成了数学归纳法的证明. $\square$

例 2.6 设 $A \in M_n$ 是反对称矩阵. 如果 $n > 0$ 是奇数, 则有

$$|A^{\mathrm{T}}| = |-A| = (-1)^n |A| = -|A|,$$

从而得到 $|A| = 0$. 当 n 是偶数时, 可以证明: 存在 b 使得 $|A| = b^2$. 这里 b 被称为是矩阵 A 的普法夫数. 例如:

$$\begin{vmatrix} 0 & a_{12} & a_{12} & a_{14} \\ -a_{12} & 0 & a_{23} & a_{24} \\ -a_{13} & -a_{23} & 0 & a_{34} \\ -a_{14} & -a_{24} & -a_{34} & 0 \end{vmatrix} = (a_{12}a_{34} - a_{13}a_{24} + a_{14}a_{23})^2.$$

设矩阵 $A = (a_{ij})_{n \times n} \in M_n$, 对任意的 $1 \leqslant i, j \leqslant n$, 记 A 的关于 a_{ij} 的**余子式**为 $|A_{ij}|$, 其中 $A_{ij} \in M_{n-1}$ 是矩阵 A 中删掉第 i 行第 j 列所得到的矩阵.

定理 2.11 设 $A = (a_{ij})_{n \times n}$ 为 $n \times n$ 矩阵, 则对任意的 $1 \leqslant t \leqslant n$, 均有

$$|A| = \sum_{j=1}^n (-1)^{t+j} a_{tj} |A_{tj}|.$$

证明 设 $\alpha_1, \alpha_2, \cdots, \alpha_n$ 是列向量, 我们用 $\det(\alpha_1, \cdots, \alpha_n)$ 表示矩阵 $(\alpha_1, \cdots, \alpha_n)$ 的行列式.

首先, 我们来证明 $t = 1$ 的情形, 也就是证明

$$|A| = \sum_{j=1}^n (-1)^{1+j} a_{1j} |A_{1j}|.$$

事实上, 对任何一个 $1 \leqslant h \leqslant n$, 令 $\kappa_h \in M_{1 \times n}$ 为 $(d_1, \cdots, d_n)$, 其中

$$d_i = \begin{cases} 1, & \text{当} i = h \text{时}; \\ 0, & \text{其他}. \end{cases}$$

所以 A 的第 i 行可以写为

$$\beta_i = \sum_{j=1}^n a_{ij} \kappa_j,$$

进而有

$$|A| = \det(\beta_1, \beta_2, \cdots, \beta_n) = \det(\sum_{j=1}^n a_{1j}\kappa_j, \beta_2, \cdots, \beta_n)$$
$$= \sum_{j=1}^n a_{1j}\det(\kappa_j, \beta_2, \cdots, \beta_n).$$

因此, 只需要验证: 对任意的$1 \leqslant j \leqslant n$, 均有

$$\det(\kappa_j, \beta_2, \cdots, \beta_n) = (-1)^{1+j}|A_{1j}|.$$

把行是$\kappa_j, \beta_2, \cdots, \beta_n$ 的矩阵记为$B = (b_{ih})_{n \times n}$, 其中:

$$b_{ih} = \begin{cases} 1, & \text{当}i = 1\text{且}h = j\text{时}; \\ 0, & \text{当}i = 1\text{且}h \neq j \text{时}; \\ a_{ih}, & \text{当}i > 1 \text{时}. \end{cases}$$

对任意的$1 \leqslant j \leqslant n$, 令$G_{1j} = \{\pi \in S_n : \pi(1) = j\}$.

当$j = 1$ 时, 存在从G_{11} 到$\{2, 3, \cdots, n\}$ 的置换全体之间的双射. 由$b_{11} = 1$ 以及$b_{1h} = 0 \ (h > 1)$ 可知

$$\begin{aligned} |B| &= \sum_{\pi \in S_n} \text{sgn}(\pi)b_{1,\pi(1)} \cdot b_{2,\pi(2)} \cdots b_{n,\pi(n)} \\ &= \sum_{\pi \in G_{11}} \text{sgn}(\pi)b_{1,\pi(1)}b_{2,\pi(2)} \cdots b_{n,\pi(n)} \\ &= \sum_{\pi \in G_{11}} \text{sgn}(\pi)b_{2,\pi(2)} \cdots b_{n,\pi(n)} = |A_{11}|. \end{aligned}$$

此即得到$|B| = (-1)^{1+1}|A_{11}|$.

当$j > 1$ 时, 把B 的第j 列移到第1列, 把第1 列到第$j - 1$ 列往右平移一个位置. 则有

$$\det(\kappa_j, \beta_2, \cdots, \beta_n) = (-1)^{j-1} \begin{vmatrix} 1 & 0 & \cdots & 1 \\ a_{2j} & a_{21} & \cdots & a_{2n} \\ \vdots & \vdots & & \vdots \\ a_{nj} & a_{n1} & \cdots & a_{nn} \end{vmatrix} = (-1)^{j+1}|A_{1j}|.$$

下面假设$t > 1$, 则把第t 行移到第1行, 而第1行到第$t - 1$ 行往下平移一行, 则有$|A| = (-1)^{t-1}|C|$, 其中矩阵C 满足$|C_{1j}| = |A_{tj}| \ (j = 1, 2, \cdots, n)$. 因此可知

$$|A| = (-1)^{t-1}|C| = (-1)^{t-1}\sum_{j=1}^{n}(-1)^{j+1}c_{1j}|C_{1j}|$$

$$= \sum_{j=1}^{n}(-1)^{j+t}a_{tj}|A_{tj}|.$$

$\square$

例 2.7 设 $A = \begin{pmatrix} 1 & 7 & 3 & 0 \\ 4 & 0 & 1 & 3 \\ 0 & 2 & 4 & 0 \\ 3 & 1 & 5 & 1 \end{pmatrix}$，则分别按照第1行和第3行进行计算可知

$$|A| = 1\begin{vmatrix} 0 & 1 & 3 \\ 2 & 4 & 0 \\ 1 & 5 & 1 \end{vmatrix} - 7\begin{vmatrix} 4 & 1 & 3 \\ 0 & 4 & 0 \\ 3 & 5 & 1 \end{vmatrix} + 3\begin{vmatrix} 4 & 0 & 3 \\ 0 & 2 & 0 \\ 3 & 1 & 1 \end{vmatrix} - 0\begin{vmatrix} 4 & 0 & 1 \\ 0 & 2 & 4 \\ 3 & 1 & 5 \end{vmatrix}$$

$$= 16 + 140 - 30 + 0 = 126$$

以及

$$|A| = 0\begin{vmatrix} 7 & 3 & 0 \\ 0 & 1 & 3 \\ 1 & 5 & 1 \end{vmatrix} - 2\begin{vmatrix} 1 & 3 & 0 \\ 4 & 1 & 3 \\ 3 & 5 & 1 \end{vmatrix} + 4\begin{vmatrix} 1 & 7 & 0 \\ 4 & 0 & 3 \\ 3 & 1 & 1 \end{vmatrix} - 0\begin{vmatrix} 1 & 7 & 3 \\ 4 & 0 & 1 \\ 3 & 1 & 5 \end{vmatrix}$$

$$= 0 - 2 + 128 - 0 = 126.$$

例 2.8 计算行列式 $D_n = \begin{vmatrix} \lambda & a & a & \cdots & a \\ b & \alpha & \beta & \cdots & \beta \\ b & \beta & \alpha & \cdots & \beta \\ \vdots & \vdots & \vdots & & \vdots \\ b & \beta & \beta & \cdots & \alpha \end{vmatrix}.$

解 将第1行拆成两列的和，得到

$$D_n = \begin{vmatrix} \lambda-b & a & a & \cdots & a \\ 0 & \alpha & \beta & \cdots & \beta \\ 0 & \beta & \alpha & \cdots & \beta \\ \vdots & \vdots & \vdots & & \vdots \\ 0 & \beta & \beta & \cdots & \alpha \end{vmatrix} + \begin{vmatrix} b & a & a & \cdots & a \\ b & \alpha & \beta & \cdots & \beta \\ b & \beta & \alpha & \cdots & \beta \\ \vdots & \vdots & \vdots & & \vdots \\ b & \beta & \beta & \cdots & \alpha \end{vmatrix}$$

$$= (\lambda - b) \begin{vmatrix} \alpha & \beta & \beta & \cdots & \beta \\ \beta-\alpha & \alpha-\beta & 0 & \cdots & 0 \\ \beta-\alpha & 0 & \alpha-\beta & \cdots & 0 \\ \vdots & \vdots & \vdots & & \vdots \\ \beta-\alpha & 0 & 0 & \cdots & \alpha-\beta \end{vmatrix}_{n-1}$$

$$+ \begin{vmatrix} b & a & a & \cdots & a \\ 0 & \alpha-a & \beta-a & \cdots & \beta-a \\ 0 & \beta-\alpha & \alpha-\beta & \cdots & 0 \\ \vdots & \vdots & \vdots & & \vdots \\ 0 & 0 & 0 & \cdots & \alpha-\beta \end{vmatrix}$$

$$= (\lambda - b) \begin{vmatrix} \alpha+(n-2)\beta & \beta & \beta & \cdots & \beta \\ 0 & \alpha-\beta & 0 & \cdots & 0 \\ 0 & 0 & \alpha-\beta & \cdots & 0 \\ \vdots & \vdots & \vdots & & \vdots \\ 0 & 0 & 0 & \cdots & \alpha-\beta \end{vmatrix}_{n-1}$$

$$+ b \begin{vmatrix} \alpha+(n-2)\beta-(n-1)a & (n-2)\beta-(n-2)a & \cdots & \beta-a \\ 0 & \alpha-\beta & \cdots & 0 \\ \vdots & \vdots & & \vdots \\ 0 & 0 & \cdots & \alpha-\beta \end{vmatrix}_{n-1}$$

$$= (\lambda - b)[\alpha+(n-2)\beta](\alpha-\beta)^{n-2} + b[\alpha+(n-2)\beta-(n-1)a](\alpha-\beta)^{n-2}$$

$$= [\lambda\alpha+(n-2)\lambda\beta-(n-1)ab](\alpha-\beta)^{n-2}.$$

□

对于分块矩阵的行列式, 有如下的结论.

定理 2.12 设 A 是 n 阶矩阵且可以写成分块矩阵

$$\begin{pmatrix} A_1 & \mathbf{0} & \mathbf{0} & \cdots & \mathbf{0} \\ \mathbf{0} & A_2 & \mathbf{0} & \cdots & \mathbf{0} \\ \vdots & \vdots & \vdots & & \vdots \\ \mathbf{0} & \mathbf{0} & \mathbf{0} & \cdots & A_m \end{pmatrix}$$

的形式, 其中 $m > 1$ 且每一个 A_i 均是方阵, 则有

$$|A| = \prod_{i=1}^{m} |A_i|.$$

证明　首先来验证 $m = 2$ 的情形. 假设 $A_1 \in M_{t \times t}$, 其中 $t < n$. 由行列式的定义可知

$$|A| = \sum_{\pi \in S_n} \mathrm{sgn}(\pi) a_{\pi(1),1} a_{\pi(2),2} \cdots a_{\pi(n),n}.$$

如果 $\pi \in \mathcal{S}_n$ 满足 $\pi(i) > t$ 对某个 $1 \leqslant i \leqslant t$ 成立, 则有

$$\mathrm{sgn}(\pi) a_{\pi(1),1} a_{\pi(2),2} \cdots a_{\pi(n),n} = 0.$$

从而可得

$$|A| = \sum_{\pi \in U} \mathrm{sgn}(\pi) a_{\pi(1),1} a_{\pi(2),2} \cdots a_{\pi(n),n},$$

其中 U 是 $\mathcal{S}_n$ 中满足 $1 \leqslant \pi(i) \leqslant t$ $(i = 1, 2, \cdots, t)$ 的置换的集合.

此时, 当 $\pi \in U$ 且 $t+1 \leqslant i \leqslant n$ 时, 有 $t+1 \leqslant \pi(i) \leqslant n$. 也即是说: U 中的每一个 π 均可以看作是 $\{1, 2, \cdots, t\}$ 中的置换和 $\{t+1, \cdots, n\}$ 中的置换之和.

归纳假设结论对于 m 是成立的, 考虑矩阵 $A \in M_n$, 其中 A 可以写为分块矩阵

$$A = \begin{pmatrix} A_1 & \mathbf{0} & \cdots & \mathbf{0} \\ \mathbf{0} & A_2 & \cdots & \mathbf{0} \\ \vdots & \vdots & & \vdots \\ \mathbf{0} & \mathbf{0} & \cdots & A_{m+1} \end{pmatrix}.$$

当令

$$B = \begin{pmatrix} A_1 & \mathbf{0} & \cdots & \mathbf{0} \\ \mathbf{0} & A_2 & \cdots & \mathbf{0} \\ \vdots & \vdots & & \vdots \\ \mathbf{0} & \mathbf{0} & \cdots & A_m \end{pmatrix}$$

时, 由上面的讨论以及归纳假设可知

$$|A| = |B| \cdot |A_{m+1}| = \prod_{i=1}^{m+1} |A_i|.$$

$\square$

定理 2.13 设 A, B, C, D 分别是 $n \times n, n \times m, m \times n, m \times m$ 矩阵. 当 A, D 可逆时, 有

$$|D||A - BD^{-1}C| = |A||D - CA^{-1}B|.$$

证明 由

$$\begin{vmatrix} A & B \\ C & D \end{vmatrix} = \begin{vmatrix} A & B \\ \mathbf{0} & D - CA^{-1}B \end{vmatrix} = |A||D - CA^{-1}B|$$

以及

$$\begin{vmatrix} A & B \\ C & D \end{vmatrix} = \begin{vmatrix} A - BD^{-1}C & \mathbf{0} \\ C & D \end{vmatrix} = |D||A - BD^{-1}C|$$

可得结论. □

推论 (1) 设 A, B 分别是 $n \times m, m \times n$ 矩阵, 则有下面两个等式成立:

- $\begin{vmatrix} I_m & B \\ A & I_n \end{vmatrix} = |I_n - AB| = |I_m - BA|;$

- $|\lambda I_n - AB| = \lambda^{n-m}|\lambda I_m - BA|.$

(2) 设 A 是 n 阶可逆矩阵, α, β 为 n 维列向量, 则有

$$|A + \alpha\beta^{\mathrm{T}}| = |A|(1 + \beta^{\mathrm{T}}A^{-1}\alpha).$$

例 2.9 设矩阵

$$A = \begin{pmatrix} a_1^2 & a_1a_2 + 1 & \cdots & a_1a_n + 1 \\ a_2a_1 + 1 & a_2^2 & \cdots & a_2a_n + 1 \\ \vdots & \vdots & & \vdots \\ a_na_1 + 1 & a_na_2 + 1 & \cdots & a_n^2 \end{pmatrix},$$

求 A 的行列式 $|A|$.

解 注意到

$$A = -I_n + \begin{pmatrix} a_1 & 1 \\ a_2 & 1 \\ \vdots & \vdots \\ a_n & 1 \end{pmatrix} \begin{pmatrix} a_1 & a_2 & \cdots & a_n \\ 1 & 1 & \cdots & 1 \end{pmatrix},$$

因此,

$$
\begin{aligned}
|A| &= (-1)^n \left| I_n - \begin{pmatrix} a_1 & 1 \\ a_2 & 1 \\ \vdots & \vdots \\ a_n & 1 \end{pmatrix} \begin{pmatrix} a_1 & a_2 & \cdots & a_n \\ 1 & 1 & \cdots & 1 \end{pmatrix} \right| \\
&= (-1)^n \left| I_2 - \begin{pmatrix} a_1 & a_2 & \cdots & a_n \\ 1 & 1 & \cdots & 1 \end{pmatrix} \begin{pmatrix} a_1 & 1 \\ a_2 & 1 \\ \vdots & \vdots \\ a_n & 1 \end{pmatrix} \right| \\
&= (-1)^n \left| I_2 - \begin{pmatrix} \sum_{i=1}^n a_i^2 & \sum_{i=1}^n a_i \\ \sum_{i=1}^n a_i & n \end{pmatrix} \right| \\
&= (-1)^n [(1-n)(1 - \sum_{i=1}^n a_i^2) - (\sum_{i=1}^n a_i)^2].
\end{aligned}
$$

□

定义 2.2 设 $A = (a_{ij})_{n \times n}$ 为 n 阶方阵, 则称

$$
\mathrm{adj}(A) = (b_{ij})_{n \times n} \in M_n
$$

为 A 的**伴随矩阵**, 其中 $b_{ij} = (-1)^{i+j} |A_{ji}|$ $(i, j = 1, 2, \cdots, n)$.

例 2.10 设 4 阶矩阵 $A = \begin{pmatrix} 1 & 0 & 3 & 5 \\ -3 & 1 & 3 & 1 \\ 4 & 2 & 1 & 2 \\ 1 & 1 & 2 & 5 \end{pmatrix}$, 则 A 的伴随矩阵为

$$
\mathrm{adj}(A) = \begin{pmatrix} -20 & 9 & -17 & 25 \\ 50 & -18 & -16 & -40 \\ -40 & -18 & -16 & 50 \\ 10 & 9 & 13 & -35 \end{pmatrix}.
$$

定理 2.14 设 $A = (a_{ij})_{n \times n}$ 为 n 阶方阵, 则有

$$A[\text{adj}(A)] = |A| I_n.$$

特别地, 如果 A 是可逆矩阵, 则有

$$A^{-1} = |A|^{-1} \text{adj}(A).$$

证明 设 $\text{adj}(A) = (b_{ij})_{n \times n}$, 令 $A[\text{adj}(A)] = (c_{ij})_{n \times n}$, 其中

$$c_{ij} = \sum_{k=1}^{n} a_{ik} b_{kj} = \sum_{k=1}^{n} (-1)^{j+k} a_{ik} |A_{jk}|.$$

因而可以得到

(1) 当 $i = j$ 时, 由命题2.11可知 $c_{ij} = |A|$.

(2) 当 $i \neq j$ 时, 有 $c_{ij} = |\widetilde{A}|$, 其中 $\widetilde{A}$ 的第 i 行等于 A 的第 j 行而 $\widetilde{A}$ 的其他行等于 A 的相应的行. 这就说明: $\widetilde{A}$ 有两行是相同的, 从而 $|\widetilde{A}| = 0$.

这就证得了 $A[\text{adj}(A)] = |A| I_n$. 特别地, 当 A 可逆时, 有 $|A| \neq 0$, 从而可知 $A^{-1} = |A|^{-1} \text{adj}(A)$. $\square$

例 2.11 设 $A = \begin{pmatrix} 1 & 0 & 0 \\ 2 & 2 & 0 \\ 3 & 4 & 5 \end{pmatrix}$, 求 $(\text{adj}(A))^{-1}$.

解 由定理2.14 可知 $(\text{adj}(A))^{-1} A^{-1} = \dfrac{1}{|A|} I_n$, 从而就有

$$(\text{adj}(A))^{-1} = \frac{A}{|A|} = \frac{1}{10} \begin{pmatrix} 1 & 0 & 0 \\ 2 & 2 & 0 \\ 3 & 4 & 5 \end{pmatrix}.$$

$\square$

例 2.12 设矩阵 X 满足等式 $\text{adj}(A)X = A^{-1}B + 2X$, 其中 $A = \begin{pmatrix} 1 & 1 & -1 \\ -1 & 1 & 1 \\ 1 & -1 & 1 \end{pmatrix}$, $B = \begin{pmatrix} 1 & 1 \\ 1 & 0 \\ 0 & -1 \end{pmatrix}$. 求矩阵 X.

解 由 $|A| = 4$ 可知 $\mathrm{adj}(A) = |A|A^{-1} = 4A^{-1}$, 从而就有

$$4A^{-1}X = A^{-1}B + 2X,$$

也就是 $2(2I_3 - A)X = B$. 由于 $2I_3 - A = \begin{pmatrix} 1 & -1 & 1 \\ 1 & 1 & -1 \\ -1 & 1 & 1 \end{pmatrix}$ 是可逆矩阵

且 $(2I_3 - A)^{-1} = \dfrac{1}{2}\begin{pmatrix} 1 & 1 & 0 \\ 0 & 1 & 1 \\ 1 & 0 & 1 \end{pmatrix}$. 因此

$$X = \frac{1}{2}(2I_3 - A)^{-1}B = \frac{1}{4}\begin{pmatrix} 2 & 1 \\ 1 & -1 \\ 1 & 0 \end{pmatrix}.$$

□

定理 2.15 设 $A = (a_{ij})_{n \times n}$ 为 n 阶上三角矩阵, 则有

$$|A| = \prod_{i=1}^{n} a_{ii}.$$

证明 我们将对 n 利用数学归纳法. 当 $n = 1$ 时, 结论是显然的.

假设结论对于任意的 $n - 1$ 阶上三角矩阵都是成立的. 对于 n 阶上三角矩阵矩阵 $A = (a_{ij})_{n \times n} \in M_n$ 而言, 我们可以得到

$$|A| = |A^{\mathrm{T}}| = \sum_{j=1}^{n} (-1)^{j+1} a_{j1}|A_{j1}| = a_{11}|A_{11}|.$$

利用归纳假设可知 $|A_{11}| = \prod\limits_{j=2}^{n} a_{jj}$, 从而得到所需的结论. □

例 2.13 计算 n 阶行列式

$$d = \begin{vmatrix} a & b & b & \cdots & b \\ b & a & b & \cdots & b \\ b & b & a & \cdots & b \\ \vdots & \vdots & \vdots & & \vdots \\ b & b & b & \cdots & a \end{vmatrix}.$$

解 由

$$d = \begin{vmatrix} a+(n-1)b & b & b & \cdots & b \\ a+(n-1)b & a & b & \cdots & b \\ a+(n-1)b & b & a & \cdots & b \\ \vdots & & \vdots & \vdots & & \vdots \\ a+(n-1)b & b & b & \cdots & a \end{vmatrix}$$

$$= [a+(n-1)b] \begin{vmatrix} 1 & b & b & \cdots & b \\ 1 & a & b & \cdots & b \\ 1 & b & a & \cdots & b \\ \vdots & \vdots & \vdots & & \vdots \\ 1 & b & b & \cdots & a \end{vmatrix}$$

$$= [a+(n-1)b] \begin{vmatrix} 1 & b & b & \cdots & b \\ 0 & a-b & b & \cdots & b \\ 0 & 0 & a-b & \cdots & b \\ \vdots & \vdots & \vdots & & \vdots \\ 0 & 0 & 0 & \cdots & a-b \end{vmatrix}$$

可知 $d = [a+(n-1)b](a-b)^{n-1}$. $\qquad\square$

设 A 是 n 阶实矩阵, 如果 $AA^{\mathrm{T}} = A^{\mathrm{T}}A = I_n$, 则称 A 是**正交矩阵**.

例 2.14 正交矩阵有如下的性质:

(1) 正交矩阵的行列式等于 1 或者 -1.

(2) 设 A 和 B 都是 n 阶正交矩阵且 $|A| + |B| = 0$, 则有 $|A+B| = 0$.

证明 (1) 设 A 是 n 阶正交矩阵. 由 $AA^{\mathrm{T}} = I_n$ 可知

$$|A|^2 = |A| \cdot |A^{\mathrm{T}}| = |AA^{\mathrm{T}}| = |I_n| = 1,$$

所以就有 $|A| = 1$ 或者 -1.

(2) 由 $AA^{\mathrm{T}} = B^{\mathrm{T}}B = I_n$ 可知

$$|A+B| = |AB^{\mathrm{T}}B + AA^{\mathrm{T}}B|$$

$$= \quad |A||B^{\mathrm{T}} + A^{\mathrm{T}}||B| = |A||B||A + B|.$$

注意到$|B| = -|A|$ 和$|A|^2 = 1$, 因而可以得到

$$|A + B| = -|A|^2|A + B| = -|A + B|,$$

进而有$|A + B| = 0.$ □

习题2.1

1. 计算下列行列式

$$(1) \begin{vmatrix} 3 & 1 & 1 & 1 \\ 1 & 3 & 1 & 1 \\ 1 & 1 & 3 & 1 \\ 1 & 1 & 1 & 3 \end{vmatrix}, \qquad (2) \begin{vmatrix} 1 & 2 & 3 & 4 \\ 2 & 3 & 4 & 1 \\ 3 & 4 & 1 & 2 \\ 4 & 1 & 2 & 3 \end{vmatrix},$$

$$(3) \begin{vmatrix} 3 & 6 & 5 & 6 & 4 \\ 2 & 5 & 4 & 5 & 3 \\ 3 & 6 & 3 & 4 & 2 \\ 2 & 5 & 4 & 6 & 5 \\ 1 & 1 & 1 & -1 & -1 \end{vmatrix}, \qquad (4) \begin{vmatrix} 0 & 0 & 1 & -1 & 2 \\ 0 & 0 & 3 & 0 & 2 \\ 0 & 0 & 2 & 4 & 0 \\ 1 & 2 & 4 & 0 & -1 \\ 3 & 1 & 2 & 5 & 8 \end{vmatrix},$$

$$(5) \begin{vmatrix} x & y & x+y \\ y & x+y & x \\ x+y & x & y \end{vmatrix}, \qquad (6) \begin{vmatrix} 1+x & 1 & 1 & 1 \\ 1 & 1-x & 1 & 1 \\ 1 & 1 & 1+y & 1 \\ 1 & 1 & 1 & 1-y \end{vmatrix}.$$

2. 计算下列n 阶行列式

(1) $\begin{vmatrix} x & y & 0 & \cdots & 0 & 0 \\ 0 & x & y & \cdots & 0 & 0 \\ \vdots & \vdots & \vdots & & \vdots & \vdots \\ 0 & 0 & 0 & \cdots & x & y \\ y & 0 & 0 & \cdots & 0 & x \end{vmatrix},$

(2) $\begin{vmatrix} a_1 - b_1 & a_1 - b_2 & \cdots & a_1 - b_n \\ a_2 - b_1 & a_2 - b_2 & \cdots & a_2 - b_n \\ \vdots & \vdots & & \vdots \\ a_n - b_1 & a_n - b_2 & \cdots & a_n - b_n \end{vmatrix},$

(3) $\begin{vmatrix} 1 & 2 & 2 & \cdots & 2 \\ 2 & 2 & 2 & \cdots & 2 \\ 2 & 2 & 3 & \cdots & 2 \\ \vdots & \vdots & \vdots & & \vdots \\ 2 & 2 & 2 & \cdots & n \end{vmatrix}.$

(4) $\begin{vmatrix} -a_1 & a_1 & 0 & \cdots & 0 & 0 \\ 0 & -a_2 & a_2 & \cdots & 0 & 0 \\ 0 & 0 & -a_3 & \cdots & 0 & 0 \\ \vdots & \vdots & \vdots & & \vdots & \vdots \\ 0 & 0 & 0 & \cdots & -a_n & a_n \\ 1 & 1 & 1 & \cdots & 1 & 1 \end{vmatrix},$

(5) $\begin{vmatrix} 2 & 1 & 0 & \cdots & 0 & 0 \\ 1 & 2 & 1 & \cdots & 0 & 0 \\ 0 & 1 & 2 & \cdots & 0 & 0 \\ \vdots & \vdots & \vdots & & \vdots & \vdots \\ 0 & 0 & 0 & \cdots & 2 & 1 \\ 0 & 0 & 0 & \cdots & 1 & 2 \end{vmatrix}.$

3. 试证明:

$$\begin{vmatrix} x & 0 & 0 & \cdots & 0 & a_0 \\ -1 & x & 0 & \cdots & 0 & a_1 \\ 0 & -1 & x & \cdots & 0 & a_2 \\ \vdots & \vdots & \vdots & & \vdots & \vdots \\ 0 & 0 & 0 & \cdots & x & a_{n-2} \\ 0 & 0 & 0 & \cdots & -1 & x+a_{n-1} \end{vmatrix} = x^n + a_{n-1}x^{n-1} + \cdots + a_1 x + a_0.$$

4. 求 $\begin{vmatrix} 0 & 1 & 1 & \cdots & 1 & 1 \\ 1 & 0 & 1 & \cdots & 1 & 1 \\ 1 & 1 & 0 & \cdots & 1 & 1 \\ \vdots & \vdots & \vdots & & \vdots & \vdots \\ 1 & 1 & 1 & \cdots & 1 & 0 \end{vmatrix}.$

5. 设 $a_1, a_2, \cdots, a_n$ 均不为零, 试证明:

$$\begin{vmatrix} 1+a_1 & 1 & 1 & \cdots & 1 & 1 \\ 1 & 1+a_2 & 1 & \cdots & 1 & 1 \\ 1 & 1 & 1+a_3 & \cdots & 1 & 1 \\ \vdots & \vdots & \vdots & & \vdots & \vdots \\ 1 & 1 & 1 & \cdots & 1 & 1+a_n \end{vmatrix} = a_1 a_2 \cdots a_n \left(1 + \sum_{i=1}^n \frac{1}{a_i}\right).$$

6. 求实数 a, 使得 $\begin{vmatrix} a & 1 & 1 & 1 \\ 1 & a & 2 & 3 \\ 0 & -1 & 0 & 1 \\ -1 & 1 & 1 & 2 \end{vmatrix} = 0.$

7. 已知

$$f(x) = \begin{vmatrix} x+1 & 2 & x-3 & 2 \\ 1 & 2x+2 & 7 & 5 \\ 3x+1 & 3 & 3x+3 & 8 \\ 1 & 8 & 0 & 4x+4 \end{vmatrix},$$

求 $f(x)$ 的最高次项.

8. 设 $\rho = a_1 a_2 \cdots a_n$, 计算行列式

$$
D = \begin{vmatrix}
1 & a_1 & \cdots & a_1^{n-2} & a_1^{n-1} + \frac{\rho}{a_1} \\
1 & a_2 & \cdots & a_2^{n-2} & a_2^{n-1} + \frac{\rho}{a_2} \\
\vdots & \vdots & & \vdots & \vdots \\
1 & a_n & \cdots & a_n^{n-2} & a_n^{n-1} + \frac{\rho}{a_n}
\end{vmatrix}.
$$

9. 求多项式 $p(x)$ 的根, 其中

$$
p(x) = \begin{vmatrix}
x-3 & -a_2 & -a_3 & \cdots & -a_n \\
-a_2 & x-2-a_2^2 & -a_2 a_3 & \cdots & -a_2 a_n \\
-a_3 & -a_3 a_2 & x-2-a_3^2 & \cdots & -a_3 a_n \\
\vdots & \vdots & \vdots & & \vdots \\
-a_n & -a_n a_2 & -a_n a_3 & \cdots & x-2-a_n^2
\end{vmatrix}.
$$

10. 计算 $n+1$ 阶行列式

$$
D_{n+1} = \begin{vmatrix}
a_1^n & a_1^{n-1} b_1 & a_1^{n-1} b_1^2 & \cdots & b_1^n \\
a_2^n & a_2^{n-1} B_2 & a_2^{n-2} b_2^2 & \cdots & b_2^n \\
\vdots & \vdots & \vdots & & \vdots \\
a_{n+1}^n & a_{n+1}^{n-1} b_{n+1} & a_{n+1}^{n-2} b_{n+1}^2 & \cdots & b_{n+1}^n
\end{vmatrix}.
$$

11. 设 A 是 3 阶矩阵且 $|A| = \dfrac{1}{2}$, 求 $|(2A)^{-1} - 5\mathrm{adj}(A)|$.

§ 2.2 克莱姆法则

下面, 我们将给出行列式的一个应用.

定理 2.16 如果线性方程组

$$
\begin{cases}
a_{11}x_1 + a_{12}x_2 + \cdots + a_{1n}x_n = b_1, \\
a_{21}x_1 + a_{22}x_2 + \cdots + a_{2n}x_n = b_2, \\
\quad\vdots \qquad\quad \vdots \qquad\qquad\quad \vdots \\
a_{n1}x_1 + a_{n2}x_2 + \cdots + a_{nn}x_n = b_n
\end{cases}
\tag{2.1}
$$

的系数矩阵

$$A = \begin{pmatrix} a_{11} & a_{12} & \cdots & a_{1n} \\ a_{21} & a_{22} & \cdots & a_{2n} \\ \vdots & \vdots & & \vdots \\ a_{n1} & a_{n2} & \cdots & a_{nn} \end{pmatrix} \tag{2.2}$$

的行列式

$$d = |A| \neq 0.$$

那么, 线性方程组(2.1) 必然有解,并且解是唯一的. 此时, (2.1)的解是

$$x_1 = \frac{d_1}{d}, \ x_2 = \frac{d_2}{d}, \ \cdots, \ x_n = \frac{d_n}{d}, \tag{2.3}$$

其中, d_i 是把矩阵A 中第i 列换成 $\begin{pmatrix} b_1 \\ b_2 \\ \vdots \\ b_n \end{pmatrix}$ 所构成的矩阵的行列式, 即

$$d_i = \begin{vmatrix} a_{11} & \cdots & a_{1,i-1} & b_1 & a_{1,i+1} & \cdots & a_{1n} \\ a_{21} & \cdots & a_{2,i-1} & b_2 & a_{2,i+1} & \cdots & a_{2n} \\ \vdots & & \vdots & \vdots & \vdots & & \vdots \\ a_{n1} & \cdots & a_{n,i-1} & b_n & a_{n,i+1} & \cdots & a_{nn} \end{vmatrix}. \tag{2.4}$$

证明 我们将略过此定理的具体证明, 具体可参看文献[1, p.84].   □

例 2.15 解方程组

$$\begin{cases} 2x_1 & + & x_2 & - & 5x_3 & + & x_4 & = & 8, \\ x_1 & - & 3x_2 & & & - & 6x_4 & = & 9, \\ & & 2x_2 & - & x_3 & + & 2x_4 & = & -5, \\ x_1 & + & 4x_2 & - & 7x_3 & + & 6x_4 & = & 9. \end{cases}$$

解 上述方程组的系数行列式是

$$d = \begin{vmatrix} 2 & 1 & -5 & 1 \\ 1 & -3 & 0 & -6 \\ 0 & 2 & -1 & 2 \\ 1 & 4 & -7 & 6 \end{vmatrix} = 27 \neq 0.$$

因此, 由定理2.16 可知方程组有唯一的解. 又由

$$d_1 = \begin{vmatrix} 8 & 1 & -5 & 1 \\ 9 & -3 & 0 & -6 \\ -5 & 2 & -1 & 2 \\ 0 & 4 & -7 & 6 \end{vmatrix} = 81,$$

$$d_2 = \begin{vmatrix} 2 & 8 & -5 & 1 \\ 1 & 9 & 0 & -6 \\ 0 & -5 & -1 & 2 \\ 1 & 0 & -7 & 6 \end{vmatrix} = -108,$$

$$d_3 = \begin{vmatrix} 2 & 1 & 8 & 1 \\ 1 & -3 & 9 & -6 \\ 0 & 2 & -5 & 2 \\ 1 & 4 & 0 & 6 \end{vmatrix} = -27,$$

$$d_4 = \begin{vmatrix} 2 & 1 & -5 & 8 \\ 1 & -3 & 0 & 9 \\ 0 & 2 & -1 & -5 \\ 1 & 4 & -7 & 0 \end{vmatrix} = 27,$$

可得方程组的唯一解是$x_1 = 3$, $x_2 = -4$, $x_3 = -1$, $x_4 = 1$. □

常数项都是零的线性方程组称为是**齐次线性方程组**. 显然, $(0, 0, \cdots, 0)$ 总是齐次线性方程组的解(称之为**零解**), 因而它总是有解. 下面, 我们将考虑它还有没有其他解. 为此我们首先考虑一种特殊的情形.

定理 2.17 如果齐次线性方程组

$$\begin{cases} a_{11}x_1 + a_{12}x_2 + \cdots + a_{1n}x_n = 0, \\ a_{21}x_1 + a_{22}x_2 + \cdots + a_{2n}x_n = 0, \\ \vdots \qquad \vdots \qquad\qquad \vdots \\ a_{n1}x_1 + a_{n2}x_2 + \cdots + a_{nn}x_n = 0 \end{cases} \tag{2.5}$$

的系数矩阵 $A = \begin{pmatrix} a_{11} & a_{12} & \cdots & a_{1n} \\ a_{21} & a_{22} & \cdots & a_{2n} \\ \vdots & \vdots & & \vdots \\ a_{n1} & a_{n2} & \cdots & a_{nn} \end{pmatrix}$ 的行列式 $|A| \neq 0$, 那么它只有零解.

证明 此时应用定理2.16 可知

$$d_1 = d_2 = \cdots = d_n = 0,$$

所以零解是该方程组的唯一解.　□

例 2.16 当 λ 取何值时, 齐次线性方程组

$$\begin{cases} x_1 & + & \lambda x_2 & = & 0, \\ \lambda x_1 & + & x_2 & = & 0 \end{cases}$$

有非零解.

解 当系数行列式

$$\begin{vmatrix} 1 & \lambda \\ \lambda & 1 \end{vmatrix} = 1 - \lambda^2 = 0$$

时, 齐次方程组 $\begin{cases} x_1 + \lambda x_2 = 0 \\ \lambda x_1 + x_2 = 0 \end{cases}$ 有非零解, 此时 $\lambda = \pm 1$.　□

习题2.2

1. 解线性方程组

$$\begin{cases} x_1 & + & 2x_2 & + & 3x_3 & - & 2x_4 & = & 6, \\ 2x_1 & - & x_2 & - & 2x_3 & - & 3x_4 & = & 8, \\ 3x_1 & + & 2x_2 & - & x_3 & + & 2x_4 & = & 4, \\ 2x_1 & - & 3x_2 & + & 2x_3 & + & x_4 & = & -8. \end{cases}$$

2. 设曲线 $y = a_0 + a_1 x + a_2 x^2 + a_3 x^3$ 通过四个点 $(1,3), (2,4), (3,3), (4,-3)$. 求其系数 a_0, a_1, a_2, a_3.

3. 当 λ, μ 取何值时, 齐次线性方程组

$$\begin{cases} \lambda x_1 & + & x_2 & + & x_3 & = & 0, \\ x_1 & + & \mu x_2 & + & x_3 & = & 0, \\ x_1 & + & 2\mu x_2 & + & x_3 & = & 3 \end{cases}$$

有非零解?

第三章 线性方程组的解

早在公元一世纪, 中国古代的《九章算术》的第八章"方程"就采用分离系数的方法表示线性方程组,相当于现在的矩阵; 解线性方程组时使用的直除法, 与矩阵的初等变换相一致. 在本章中, 我们将建立线性方程组的完整理论. 为此, 首先给出线性空间、n维向量的概念, 并且讨论向量组之间的线性相关和线性无关性. 利用这些基本的概念, 我们将给出线性方程组可解的充分必要条件, 并且讨论解的结构.

§3.1 向量空间

线性空间已经成为近代数学中最基本的概念之一, 它的理论和方法已经渗透到自然科学、工程技术以及经济管理等领域.

定义 3.1 设V 是一个非空集合, 其中的元素用希腊字母$\alpha, \beta, \gamma, \cdots$ 表示; $\mathbb{K}$ 是一个数域, 其中的元素用$a, b, c, \cdots$表示. 在集合V中定义两种运算

- **加法**: 对于中任意两个元素α, β, 有V 中唯一元素γ 与之对应, 称为α与β的和, 记作$\gamma = \alpha + \beta$.

- **数乘**: 对于数域$\mathbb{K}$中任一元素a与V中任一元素α, 存在V 中的唯一元素κ与之对应, 称为a与α的数乘, 记作$\kappa = a\alpha$.

如果这两种代数运算之间满足以下八条: 对任意的$\alpha, \beta, \gamma \in V$ 以及$a, b \in \mathbb{K}$, 有

(1) $\alpha + \beta = \beta + \alpha$.

(2) $(\alpha + \beta) + \gamma = \alpha + (\beta + \gamma)$.

(3) 在V中存在一个元素0 (与a 的选取无关), 使得$\alpha + 0 = \alpha$ (具有此性质的元素0称为V中的**零元**).

(4) 对于V中的每一个元α,都存在$-\alpha \in V$, 使得$\alpha + (-\alpha) = 0$ (称$-\alpha$为α的**负元**).

(5) $1 \cdot \alpha = \alpha$.

(6) $a(b\alpha) = (ab)\alpha$.

(7) $(a+b)\alpha = a\alpha + b\alpha$.

(8) $a(\alpha + \beta) = a\alpha + a\beta$.

则称V是数域$\mathbb{K}$上的**向量空间**(**线性空间**). V 中的元素α 称为**向量**.

下面给出线性空间的几个常见例子:

(1) 欧几里德空间

$$\mathbb{R}^n = \left\{ \begin{pmatrix} a_1 \\ a_2 \\ \vdots \\ a_n \end{pmatrix} : a_1, \cdots, a_n \in \mathbb{R} \right\}$$

是线性空间. 更一般的, $\mathbb{K}^n$ 也是线性空间.

(2) 数域$\mathbb{K}$上的所有$m \times n$矩阵的全体$M_{m \times n}(\mathbb{K})$ 对于矩阵的加法和数乘构成一个线性空间.

(3) 数域$\mathbb{K}$上的一元多项式的全体$\mathbb{K}[x]$对于多项式的加法和数乘构成线性空间.

(4)闭区间$[a,b]$上的连续函数的全体$C[a,b]$, 在通常意义下的加法和数乘

$$(f+g)(t) = f(t) + g(t), \ (\lambda f)(t) = \lambda f(t), \quad \forall f,g \in C[a,b], \ t \in [a,b], \ \lambda \in \mathbb{K}$$

下构成一个线性空间.

(5) 区间上$[a,b]$的具有p阶连续可微函数的全体$C^p[a,b]$, 在通常意义下的加法和数乘下构成线性空间.

定义 3.2   设 V 是数域 $\mathbb{K}$ 上的线性空间, W 是 V 的非空子集. 如果 W 关于 V 的加法和数乘也构成 $\mathbb{K}$ 上的线性空间, 则称 W 是 V 的(线性)子空间.

定理 3.1   数域 $\mathbb{K}$ 上的线性空间 V 的非空子集 W 是子空间当且仅当 W 对 V 的加法和数乘是封闭的.

注 V 是它自身的一个线性子空间, 零向量所组成的单点集 $\{0\}$ 也是一个线性子空间. 这两个子空间称为是的平凡子空间.

下面再举两个非平凡子空间的例子:

(1) 集合

$$W_1 = \left\{ \begin{pmatrix} a_1 \\ \vdots \\ a_{n-1} \\ 0 \end{pmatrix} : a_1, \cdots, a_{n-1} \in \mathbb{R} \right\}$$

和

$$W_2 = \left\{ \begin{pmatrix} a_1 \\ a_2 \\ \vdots \\ a_n \end{pmatrix} : a_1, a_2, \cdots, a_n \in \mathbb{R} \text{ 且 } a_1 + a_2 = 0 \right\}$$

是 $\mathbb{R}^n$ 的一个线性子空间.

(2) $C^p[a,b]$ 是 $C[a,b]$ 的一个子空间.

习题3.1

1. 设 H 是由形如 $\begin{pmatrix} 3t \\ 0 \\ -7t \end{pmatrix}$ (其中 t 是任意一个实数)的向量构成的集合. 试证明: H 是 $\mathbb{R}^3$ 的子空间.

2. 设 W 是由形如 $\begin{pmatrix} 2s+4t \\ 2s \\ 2s-3t \\ 5t \end{pmatrix}$ (其中 s, t 是任意实数)的向量构成的集合. 试

证明: W 是 $\mathbb{R}^4$ 的子空间.

3. 设 H 是形如 $\begin{pmatrix} a & b \\ 0 & d \end{pmatrix}$ (其中, $a, b, d \in \mathbb{R}$)的2 阶矩阵的全体所构成的集合. 试证明: H 是 M_2 的子空间.

4. 设 A 是一个固定的 2×3 矩阵, 并且令 W 是满足 $AB = 0$ 的所有 3×4 矩阵 B 的集合. 试证明: W 是 $M_{3 \times 4}$ 的一个子空间.

5. 设 H, K 是线性空间 V 的两个子空间, 定义其和为

$$H + K = \{w \in V : \text{存在 } u \in H, v \in K \text{ 使得 } w = u + v\}.$$

试证明:

(1) $H + K$ 是 V 的子空间.

(2) H 是 $H + K$ 的子空间且 K 也是 $H + K$ 的子空间.

§3.2 向量组的线性相关

线性相关与线性无关的概念来源于向量的共线与共面, 是向量组在线性运算下的一种性质. 向量组的线性相关性是描述线性子空间结构的一个重要基本概念, 也是线性方程组理论的基础.

定义 3.3 设 $\alpha_1, \cdots, \alpha_m$ 是线性空间 V 中的元且 $k_1, \cdots, k_m \in \mathbb{K}$, 称向量

$$k_1\alpha_1 + \cdots + k_m\alpha_m$$

为向量组 $\alpha_1, \cdots, \alpha_m$ 的一个**线性组合**, 而称 $k_1, \cdots, k_m$ 为此线性组合的**系数**.

如果线性空间 V 中的向量 α 可以表示为 $\alpha_1, \cdots, \alpha_m$ 的一个线性组合, 则称 α 可由 $\alpha_1, \cdots, \alpha_m$ **线性表示**.

注 (1) 零向量 0 可由任何一组向量 $\alpha_1, \cdots, \alpha_m$ 线性表示, 因为

$$0 = 0\alpha_1 + \cdots + 0\alpha_m.$$

(2) 设

$$\alpha = k_1\alpha_1 + k_2\alpha_2 + \cdots + k_m\alpha_m$$

以及

$$\beta = l_1\alpha_1 + l_2\alpha_2 + \cdots + l_m\alpha_m,$$

则根据线性空间的运算性质, 有

$$k\alpha + l\beta = (kk_1 + ll_1)\alpha_1 + (kk_2 + ll_2)\alpha_2 + \cdots + (kk_m + ll_m)\alpha_m.$$

因此, 对于任意的 $k, l \in \mathbb{K}$, $k\alpha + l\beta$ 仍然是 $\alpha_1, \alpha_2, \cdots, \alpha_m$ 的一个线性组合.

把向量组 $\alpha_1, \alpha_2, \cdots, \alpha_m$ 的所有线性组合组成的集合记为

$$L(\alpha_1, \cdots, \alpha_m) = \{k_1\alpha_1 + \cdots + k_m\alpha_m : k_1, \cdots, k_m \in \mathbb{K}\}.$$

由定理3.1 可知, $L(\alpha_1, \cdots, \alpha_m)$ 是 V 的子空间, 称其为由 $\alpha_1, \cdots, \alpha_m$ **生成的子空间**; 而把向量组 $\alpha_1, \cdots, \alpha_m$ 称为该子空间的一组**生成元**.

注 (1) $L(\alpha_1, \cdots, \alpha_m)$ 是 V 中包含 $\alpha_1, \cdots, \alpha_m$ 的最小线性子空间.

(2) 线性空间的生成元是不唯一的. 例如: 由解析几何的知识可知, $\mathbb{R}^3$ 中任意一组不共面的向量 $\{\alpha_1, \alpha_2, \alpha_3\}$ 都是 $\mathbb{R}^3$ 的生成元.

例 3.1 考虑 $\mathbb{R}^n$ 中的如下 n 个向量:

$$e_i = \begin{pmatrix} \delta_{i1} \\ \delta_{i2} \\ \vdots \\ \delta_{in} \end{pmatrix}, \quad i = 1, 2, \cdots, n,$$

其中

$$\delta_{ij} = \begin{cases} 1, & \text{当} i = j \text{ 时,} \\ 0, & \text{当} i \neq j \text{ 时.} \end{cases}$$

则对任意的 $\alpha = \begin{pmatrix} a_1 \\ a_2 \\ \vdots \\ a_n \end{pmatrix} \in \mathbb{R}^n$, 都有

$$\alpha = a_1 e_1 + a_2 e_2 + \cdots + a_n e_n.$$

因此 $\mathbb{R}^n = L(e_1, e_2, \cdots, e_n)$; 而 $e_1, e_2, \cdots, e_n$ 是 $\mathbb{R}^n$ 的一组生成元.

定义 3.4 设 $\alpha_1, \alpha_2, \cdots, \alpha_n$ 是线性空间 V 中的向量组, 如果存在不全为零的数 $k_1, k_2, \cdots, k_n \in \mathbb{K}$, 使得

$$k_1\alpha_1 + k_2\alpha_2 + \cdots + k_n\alpha_n = 0,$$

则称 $\alpha_1, \alpha_2, \cdots, \alpha_n$ 是**线性相关**的. 否则称之为**线性无关**的.

注 单点集 $\{a\}$ 是线性相关当且仅当 $a = 0$.

定理 3.2 设 $n \geqslant 2$. 在线性空间 V 中, 向量组 $\alpha_1, \alpha_2, \cdots, \alpha_n$ 线性相关的充分必要条件是至少存在一个向量可以由其他向量线性表示.

证明 必要性. 如果 $\alpha_1, \alpha_2, \cdots, \alpha_n$ 是线性相关的, 则存在不全为零的数 $k_1, k_2, \cdots, k_n \in \mathbb{K}$, 使得

$$k_1\alpha_2 + k_2\alpha_2 + \cdots + k_n\alpha_n = 0.$$

不妨假设 $k_1 \neq 0$, 于是有

$$\alpha_1 = -\frac{k_2}{k_1}\alpha_2 - \frac{k_3}{k_1}\alpha_3 - \cdots - \frac{k_n}{k_1}\alpha_n.$$

充分性. 设向量 α_{i_0} 可以由 $\alpha_1, \cdots, \alpha_{i_0-1}, \alpha_{i_0+1}, \cdots, \alpha_n$ 线性表示, 即存在 $t_1, \cdots, t_{i_0-1}, t_{i_0+1}, \cdots, t_n \in \mathbb{K}$ 使得

$$\alpha_{i_0} = t_1\alpha_1 + \cdots + t_{i_0-1}\alpha_{i_0-1} + t_{i_0+1}\alpha_{i_0+1} + \cdots + t_n\alpha_n.$$

则有

$$t_1\alpha_1 + \cdots + t_{i_0-1}\alpha_{i_0-1} - \alpha_{i_0} + t_{i_0+1}\alpha_{i_0+1} + \cdots + t_n\alpha_n = 0.$$

此即说明 $\alpha_1, \alpha_2, \cdots, \alpha_n$ 是线性相关的. $\quad\square$

推论 设 $n \in \mathbb{N}$. 在线性空间 V 中, 向量组 $\alpha_1, \cdots, \alpha_n$ 是线性无关的当且仅当由 $\lambda_1\alpha_1 + \cdots + \lambda_n\alpha_n = 0$ 可以推出 $\lambda_1 = \cdots = \lambda_n = 0$.

例 3.2 判断 $\mathbb{R}^3$ 中的向量

$$\alpha_1 = (1, 1, 0), \quad \alpha_2 = (0, 1, 1), \quad \alpha_3 = (1, 0, -1)$$

的线性相关性.

解 由 $\alpha_3 = \alpha_1 - \alpha_2$ 可知 $\alpha_1, \alpha_2, \alpha_3$ 是线性相关的.   □

例 3.3 判断 $\mathbb{R}^3$ 中的向量

$$\beta_1 = (1, -3, 1), \quad \beta_2 = (-1, 2, -2), \quad \beta_3 = (1, 1, 3)$$

的线性相关性.

解 设 $x_1\beta_1 + x_2\beta_2 + x_3\beta_3 = 0$, 也即是有齐次方程组

$$\begin{cases} x_1 & - & x_2 & + & x_3 & = & 0, \\ -3x_1 & + & 2x_2 & + & x_3 & = & 0, \\ x_1 & - & 2x_2 & + & 3x_3 & = & 0. \end{cases}$$

通过矩阵变换, 可以把系数矩阵 A 简化为

$$A = \begin{pmatrix} 1 & -1 & 1 \\ -3 & 2 & 1 \\ 1 & -2 & 3 \end{pmatrix} \rightarrow \begin{pmatrix} 1 & -1 & 1 \\ 0 & -1 & 4 \\ 0 & 0 & -2 \end{pmatrix}.$$

从而上述方程组仅有零解, 也就是说: 只有全为零的数 x_1, x_2, x_3 满足 $x_1\beta_1 + x_2\beta_2 + x_3\beta_3 = 0$. 所以 $\beta_1, \beta_2, \beta_3$ 是线性无关的.   □

定理 3.3 在线性空间 V 中, 下列结论是成立的:

(1) 如果一个向量组中有部分向量是线性相关的, 则整个向量组是线性相关的.

(2) 如果一个向量组是线性无关的, 则其任意一部分都是线性无关的.

(3) 任何一个包含零向量的向量组是线性相关的.

证明 (1) 假设在向量组 $\alpha_1, \alpha_2, \cdots, \alpha_n$ 中, $\alpha_1, \cdots, \alpha_r$ $(r \leqslant n)$ 是线性相关的, 也即是存在不全为零的数 $k_1, \cdots, k_r \in \mathbb{K}$, 使得

$$k_1\alpha_1 + \cdots + k_r\alpha_r = 0.$$

从而就有

$$k_1\alpha_1 + \cdots + k_r\alpha_r + 0\alpha_{r+1} + \cdots + 0\alpha_n = 0.$$

因为 $k_1, \cdots, k_r$ 是不全为零的, 故 $\alpha_1, \alpha_2, \cdots, \alpha_n$ 是线性相关的.

(2) 设向量组 $\alpha_1, \alpha_2, \cdots, \alpha_s$ 是线性无关的, 如果其中某一个部分是线性相关的, 则由(1) 可知整个向量组 $\alpha_1, \alpha_2, \cdots, \alpha_s$ 是线性相关的. 此为矛盾.

(3) 显然成立. □

定理 3.4 设线性空间 V 中的向量组 $\alpha_1, \alpha_2, \cdots, \alpha_n$ 是线性无关的, 而向量组 $\alpha_1, \alpha_2, \cdots, \alpha_n, \beta$ 是线性相关的. 则 β 可以由 $\alpha_1, \alpha_2, \cdots, \alpha_n$ 线性表示且表达式是唯一的.

证明 由于 $\alpha_1, \alpha_2, \cdots, \alpha_n, \beta$ 是线性相关的, 因而存在不全为零的数 $k_1, k_2, \cdots, k_n, k \in \mathbb{K}$ 使得

$$k_1\alpha_1 + k_2\alpha_2 + \cdots + k_n\alpha_n + k\beta = 0.$$

如果 $k = 0$, 则由 $k_1, k_2, \cdots, k_n$ 不全为零可知 $\alpha_1, \alpha_2, \cdots, \alpha_n$ 是线性相关的, 此为矛盾. 这样就证明了 $k \neq 0$, 从而

$$\beta = -\frac{k_1}{k}\alpha_1 - \frac{k_2}{k}\alpha_2 - \cdots - \frac{k_n}{k}\alpha_n.$$

其次, 假设 β 有两种表达式

$$\beta = t_1\alpha_1 + t_2\alpha_2 + \cdots + t_n\alpha_n$$

和

$$\beta = s_1\alpha_1 + s_2\alpha_2 + \cdots + s_n\alpha_n,$$

则有

$$(t_1 - s_1)\alpha_1 + (t_2 - s_2)\alpha_2 + \cdots + (t_n - s_n)\alpha_n = 0.$$

又因为 $\alpha_1, \alpha_2, \cdots, \alpha_n$ 是线性无关的, 因此 $t_i = s_i \ (i = 1, 2, \cdots, n)$. 这就说明 β 的表达式是唯一的. □

推论 设向量组 $\alpha_1, \alpha_2, \cdots, \alpha_n$ 是线性无关的, 如果向量 β 不能由 $\alpha_1, \alpha_2, \cdots, \alpha_n$ 线性表示, 则 $\alpha_1, \alpha_2, \cdots, \alpha_n, \beta$ 是线性无关的.

例 3.4 在线性空间 V 中, 如果向量组 $\alpha_1, \alpha_2, \alpha_3$ 是线性无关的. 试判断

$$\beta_1 = 2\alpha_1 + \alpha_2, \quad \beta_2 = \alpha_2 + 5\alpha_3, \quad \beta_3 = 4\alpha_3 + 3\alpha_1$$

的线性相关性.

证明 设 $k_1\beta_1 + k_2\beta_2 + k_3\beta_3 = 0$, 从而可以导出

$$(2k_1 + 3k_3)\alpha_1 + (k_1 + k_2)\alpha_2 + (5k_2 + 4k_3)\alpha_3 = 0.$$

由于 $\alpha_1, \alpha_2, \alpha_3$ 是线性无关的, 故有

$$\begin{cases} 2k_1 & & + & 3k_3 & = & 0, \\ k_1 & + & k_2 & & = & 0, \\ & & 5k_2 & + & 4k_3 & = & 0. \end{cases}$$

此方程组仅有零解 $k_1 = k_2 = k_3 = 0$, 这样就可以知道 $\beta_1, \beta_2, \beta_3$ 是线性无关的. $\square$

定理 3.5 在线性空间 $\mathbb{K}^n$ 中, m 个向量

$$\alpha_1 = \begin{pmatrix} a_{11} \\ a_{21} \\ \vdots \\ a_{n1} \end{pmatrix}, \quad \alpha_2 = \begin{pmatrix} a_{12} \\ a_{22} \\ \vdots \\ a_{n2} \end{pmatrix}, \quad \cdots, \quad \alpha_m = \begin{pmatrix} a_{1m} \\ a_{2m} \\ \vdots \\ a_{nm} \end{pmatrix} \tag{3.1}$$

线性相关(或者线性无关)的充分必要条件是齐次方程组

$$\begin{cases} a_{11}x_1 & + & a_{12}x_2 & + & \cdots & + & a_{1m}x_m & = & 0, \\ a_{21}x_1 & + & a_{22}x_2 & + & \cdots & + & a_{2m}x_m & = & 0, \\ \vdots & & \vdots & & & & \vdots & & \\ a_{n1}x_1 & + & a_{n2}x_2 & + & \cdots & + & a_{nm}x_m & = & 0 \end{cases} \tag{3.2}$$

有非零解(或者仅有零解).

证明 由线性相关的定义直接可以验证. $\square$

推论 当 $m > n$ 时, 向量组(3.1) 必然是线性相关的.

由此可知: 在 $\mathbb{K}^n$ 中, 任何 $n+1$ 个向量所构成的向量组都是线性相关的.

推论 在 $\mathbb{K}^n$ 中, n 个 n 维向量 $\alpha_1, \alpha_2, \cdots, \alpha_n$ 线性相关的充分必要条件是: n 阶矩阵 $(\alpha_1, \alpha_2, \cdots, \alpha_n)$ 的行列式为零.

习题3.2

1. 设 $\alpha_1 = (1, 2, 3)$, $\alpha_2 = (2, -1, 0)$, $\alpha_3 = (1, 1, 1)$, $\beta = (-3, 8, 7)$, 将 β 表示为 $\alpha_1, \alpha_2, \alpha_3$ 的线性组合.

2. 当 a 取什么值的时候, 下列三个向量是线性相关的?

$$\alpha_1 = \begin{pmatrix} a \\ 1 \\ 1 \end{pmatrix}, \quad \alpha_2 = \begin{pmatrix} 1 \\ a \\ -1 \end{pmatrix}, \quad \alpha_3 = \begin{pmatrix} 1 \\ -1 \\ a \end{pmatrix}.$$

3. 设向量组 $\alpha_1, \alpha_2, \alpha_3$ 是线性无关的, 证明 $\alpha_1 + \alpha_2, \alpha_2 + \alpha_3, \alpha_3 + \alpha_1$ 也是线性无关的.

4. 设 $\alpha_1, \alpha_2, \alpha_3$ 是线性无关的向量组, 令

$$\begin{aligned} \beta_1 &= \alpha_1 - \alpha_2 + 2\alpha_3, \\ \beta_2 &= 2\alpha_1 + \alpha_3, \\ \beta_3 &= 4\alpha_1 + \alpha_2 - 2\alpha_3. \end{aligned}$$

试判断 $\beta_1, \beta_2, \beta_3$ 的线性相关性.

5. 设 $A \in M_n$ 为 n 阶矩阵. 如果存在 $k \in \mathbb{N}$, 使得 $A^k X = 0$ 有解向量 α 且 $A^{k-1}\alpha \neq 0$. 试证明: 向量组 $\alpha, A\alpha, \cdots, A^{k-1}\alpha$ 是线性无关的.

6. 设向量组 $\alpha_1 = \begin{pmatrix} a \\ 2 \\ 10 \end{pmatrix}$, $\alpha_2 = \begin{pmatrix} -2 \\ 1 \\ 5 \end{pmatrix}$, $\alpha_3 = \begin{pmatrix} -1 \\ 1 \\ 4 \end{pmatrix}$, $\beta = \begin{pmatrix} 1 \\ b \\ c \end{pmatrix}$. 问: 当 a, b, c 满足什么条件时, β 可以由 $\alpha_1, \alpha_2, \alpha_3$ 唯一线性表示.

§3.3 向量组的秩

定义 3.5 在线性空间 E 中, 给定两个向量组

$$\alpha_1, \ \alpha_2, \ \cdots, \ \alpha_s \tag{3.3}$$

和

$$\beta_1, \ \beta_2, \ \cdots, \ \beta_t. \tag{3.4}$$

如果向量组(3.3) 中的每个向量能够被向量组(3.4) 线性表示, 则称向量组(3.3) 可以由向量组(3.4) **线性表示**; 如果向量组(3.3) 与向量组(3.4) 可以互相线性表示, 则称向量组(3.3) 与向量组(3.4) 是**等价**的.

例 3.5   向量组

$$\alpha_1 = (1, 2, 3), \quad \alpha_2 = (1, 0, 2)$$

与向量组

$$\beta_1 = (3, 4, 8), \quad \beta_2 = (2, 2, 5), \quad \beta_3 = (0, 2, 1)$$

是等价的.

证明   直接计算可得

$$\alpha_1 = \beta_1 - \beta_2, \quad \alpha_2 = 2\beta_2 - \beta_1$$

以及

$$\beta_1 = 2\alpha_1 + \alpha_2, \quad \beta_2 = \alpha_1 + \alpha_2, \quad \beta_3 = \alpha_1 - \alpha_2.$$

从而α_1, α_2 与$\beta_1, \beta_2, \beta_3$ 是等价的.   □

注   在上面的例子中我们也可以把向量组α_1, α_2 与$\beta_1, \beta_2, \beta_3$ 的关系表示为:

$$\begin{pmatrix} \alpha_1 \\ \alpha_2 \end{pmatrix} = \begin{pmatrix} 1 & -1 \\ -1 & 2 \end{pmatrix} \begin{pmatrix} \beta_1 \\ \beta_2 \end{pmatrix}$$

以及

$$\begin{pmatrix} \beta_1 \\ \beta_2 \\ \beta_3 \end{pmatrix} = \begin{pmatrix} 2 & 1 \\ 1 & 1 \\ 1 & -1 \end{pmatrix} \begin{pmatrix} \alpha_1 \\ \alpha_2 \end{pmatrix}$$

定理 3.6   设向量组$\alpha_1, \alpha_2, \cdots, \alpha_r$ 可以由向量组$\beta_1, \beta_2, \cdots, \beta_s$ 线性表示. 如果$r > s$, 则向量组$\alpha_1, \alpha_2, \cdots, \alpha_r$ 是线性相关的.

证明 由已知条件, 设

$$\alpha_j = \sum_{i=1}^{s} a_{ij}\beta_i, \quad j = 1, 2, \cdots, r.$$

为了证明 $\alpha_1, \alpha_2, \cdots, \alpha_r$ 是线性相关的, 只要证明可以找到不全为零的数 $k_1, k_2, \cdots, k_n$, 使得

$$k_1\alpha_1 + k_2\alpha_2 + \cdots + k_r\alpha_r = 0.$$

为此, 做线性组合

$$\begin{aligned} x_1\alpha_1 + \cdots + x_r\alpha_r &= \sum_{j=1}^{r} x_j \sum_{i=1}^{s} a_{ij}\beta_i \\ &= \sum_{i=1}^{s} (\sum_{j=1}^{r} a_{ij}x_j)\beta_i. \end{aligned} \tag{3.5}$$

此时只需要验证齐次方程组

$$\begin{cases} a_{11}x_1 &+& a_{12}x_2 &+& \cdots &+& a_{1r}x_r &=& 0 \\ a_{21}x_1 &+& a_{22}x_2 &+& \cdots &+& a_{2r}x_r &=& 0 \\ & & & \vdots & & & \vdots & & \vdots \\ a_{s1}x_1 &+& a_{s2}x_2 &+& \cdots &+& a_{sr}x_r &=& 0 \end{cases}$$

有非零解就可以了. 由 $r > s$ 可知这当然是成立的. $\quad\square$

注 上面的定理换个说法就有: 如果向量组 $\alpha_1, \alpha_2, \cdots, \alpha_r$ 可以由向量组 $\beta_1, \beta_2, \cdots, \beta_s$ 线性表示且 $\alpha_1, \alpha_2, \cdots, \alpha_r$ 是线性无关的, 则有 $s \geqslant r$.

推论 两个线性无关的等价向量组含有相同个数的向量.

在线性空间 $L(\alpha_1, \alpha_2, \cdots, \alpha_s)$ 中, 希望生成元的个数尽可能的少, 也就是极小的生成元组. 为此, 首先给出以下的定义.

定义 3.6 给定线性空间 E 中的向量组

$$\alpha_1, \alpha_2, \cdots, \alpha_s \tag{3.6}$$

如果它的子集

$$\alpha_{i_1}, \alpha_{i_2}, \cdots, \alpha_{i_r} \tag{3.7}$$

满足下列的条件:

(1) 向量组(3.6) 中每一个向量能被向量组(3.7) 线性表示,

(2) 向量组(3.7) 是线性无关的,

则称向量组(3.7) 是向量组(3.6) 的一个**极大线性无关组**.

在上面的定义中, 向量组(3.6) 与向量组(3.7) 是等价的, 因此有下面的定理:

定理 3.7 设向量组$\alpha_{i_1}, \alpha_{i_2}, \cdots, \alpha_{i_r}$ 是向量组$\alpha_1, \alpha_2, \cdots, \alpha_s$ 的一个极大线性无关组, 则有

$$L(\alpha_1, \alpha_2, \cdots, \alpha_s) = L(\alpha_{i_1}, \alpha_{i_2}, \cdots, \alpha_{i_r}).$$

推论 向量组的任意两个极大线性无关组所含向量的个数是相等的.

例 3.6 设向量组为

$$\alpha_1 = (1, 2, 1), \quad \alpha_2 = (2, 1, 2), \quad \alpha_3 = (1, 1, 1).$$

由α_1, α_2 是线性无关以及$\alpha_3 = \dfrac{1}{3}\alpha_1 + \dfrac{1}{3}\alpha_2$ 可知: α_1, α_2 是$\alpha_1, \alpha_2, \alpha_3$ 的一个极大线性无关组. 类似的可以验证: α_1, α_3 以及α_2, α_3 都是$\alpha_1, \alpha_2, \alpha_3$ 的极大线性无关组.

由此, 我们可以给出下面的定义:

定义 3.7 向量组$\alpha_1, \alpha_2, \cdots, \alpha_s$ 的极大线性无关组所含向量的个数称为该向量组的**秩**, 记为$r(\alpha_1, \cdots, \alpha_s)$. 由零向量组成的向量组的秩规定为零.

很容易验证向量组的秩有如下的性质.

命题 以下两条是成立的:

(1) 向量组$\alpha_1, \alpha_2, \cdots, \alpha_s$ 线性无关(或者线性相关)的充分必要条件是$r(\alpha_1, \alpha_2, \cdots, \alpha_s) = s$ (或者$r(\alpha_1, \alpha_2, \cdots, \alpha_s) < s$).

(2) 等价的向量组有相同的秩.

例 3.7 设向量 $\alpha_1 = \begin{pmatrix} 1 \\ -1 \\ 1 \\ -1 \end{pmatrix}$, $\quad \alpha_2 = \begin{pmatrix} 3 \\ 1 \\ 1 \\ 3 \end{pmatrix}$, $\quad \beta_1 = \begin{pmatrix} 2 \\ 0 \\ 1 \\ 1 \end{pmatrix}$, $\beta_2 = \begin{pmatrix} 1 \\ 1 \\ 0 \\ 2 \end{pmatrix}$,

$\beta_3 = \begin{pmatrix} 3 \\ -1 \\ 2 \\ 0 \end{pmatrix}$. 证明: 向量组 α_1, α_2 与向量组 $\beta_1, \beta_2, \beta_3$ 是等价的.

证明　记 $A = \begin{pmatrix} \alpha_1 & \alpha_2 \end{pmatrix}$ 以及 $B = \begin{pmatrix} \beta_1 & \beta_2 & \beta_3 \end{pmatrix}$, 只需要证明 $r(A) = r(B) = r\begin{pmatrix} A & B \end{pmatrix}$ 即可. 为此, 将矩阵 $\begin{pmatrix} A & B \end{pmatrix}$ 化为行阶梯矩阵

$$\begin{pmatrix} A & B \end{pmatrix} = \begin{pmatrix} 1 & 3 & 2 & 1 & 3 \\ -1 & 1 & 0 & 1 & -1 \\ 1 & 1 & 1 & 0 & 2 \\ -1 & 3 & 1 & 2 & 0 \end{pmatrix}$$

$$\rightarrow \begin{pmatrix} 1 & 3 & 2 & 1 & 3 \\ 0 & 4 & 2 & 2 & 2 \\ 0 & -2 & -1 & -1 & -1 \\ 0 & 6 & 3 & 3 & 3 \end{pmatrix}$$

$$\rightarrow \begin{pmatrix} 1 & 3 & 2 & 1 & 3 \\ 0 & 2 & 1 & 1 & 1 \\ 0 & 0 & 0 & 0 & 0 \\ 0 & 0 & 0 & 0 & 0 \end{pmatrix},$$

因而可以得到 $r(A) = 2$ 和 $r\begin{pmatrix} A & B \end{pmatrix} = 2$.

显然, B 中有不等于零的 2 阶子式, 从而 $r(B) \geqslant 2$. 又注意到 $r(B) \leqslant r\begin{pmatrix} A & B \end{pmatrix} = 2$, 于是可以得出 $r(B) = 2$. 因此就有 $r(A) = r(B) = r\begin{pmatrix} A & B \end{pmatrix} = 2$. □

定理 3.8　如果一个向量组 $\alpha_1, \alpha_2, \cdots, \alpha_s$ 的秩为 r, 则向量组中任意 r 个线性无关的向量都构成一个极大无关组.

证明 设 $\alpha_{i_1}, \alpha_{i_2}, \cdots, \alpha_{i_r}$ 是 $\alpha_1, \alpha_2, \cdots, \alpha_s$ 中的任意 r 个线性无关的向量. 那么, 对任意的 $j \in \{1, 2, \cdots, s\} \setminus \{i_1, i_2, \cdots, i_r\}$, 向量组 $\alpha_{i_1}, \alpha_{i_2}, \cdots, \alpha_{i_r}, \alpha_j$ 均是线性相关的. 从而 α_j 可以由 $\alpha_{i_1}, \alpha_{i_2}, \cdots, \alpha_{i_r}$ 线性表示.

另一方面, 当 $j \in \{i_1, i_2, \cdots, i_r\}$ 时, 显然 α_j 可以由 $\alpha_{i_1}, \alpha_{i_2}, \cdots, \alpha_{i_r}$ 线性表示. 因此 $\alpha_{i_1}, \alpha_{i_2}, \cdots, \alpha_{i_r}$ 是 $\alpha_1, \alpha_2, \cdots, \alpha_s$ 的一个极大线性无关组. $\qquad\square$

定理 3.9 如果向量组 $\mathcal{A}$ 可以由向量组 $\mathcal{B}$ 线性表示, 则有 $r(\mathcal{A}) \leqslant r(\mathcal{B})$.

证明 设 $\alpha_1, \alpha_2, \cdots, \alpha_s$ 和 $\beta_1, \beta_2, \cdots, \beta_t$ 分别是向量组 $\mathcal{A}$ 和 $\mathcal{B}$ 的极大线性无关组. 因为 $\alpha_1, \alpha_2, \cdots, \alpha_s$ 可以由向量组 $\mathcal{A}$ 线性表示且向量组 $\mathcal{B}$ 可以由 $\beta_1, \beta_2, \cdots, \beta_t$ 线性表示, 因此, 再利用已知条件可以知道 $\alpha_1, \alpha_2, \cdots, \alpha_s$ 可以由 $\beta_1, \beta_2, \cdots, \beta_t$ 线性表示. 由定理3.6即得 $s \leqslant t$, 也就是说 $r(\mathcal{A}) \leqslant r(\mathcal{B})$. $\qquad\square$

例 3.8 设 $\alpha_1, \alpha_2, \cdots, \alpha_s$ 的秩为 r, 在其中任取 m 个向量 $\alpha_{i_1}, \alpha_{i_2}, \cdots, \alpha_{i_m}$. 试证明: 向量组 $\alpha_{i_1}, \alpha_{i_2}, \cdots, \alpha_{i_m}$ 的秩 $\geqslant r + m - s$.

证明 取 $\alpha_{i_1}, \alpha_{i_2}, \cdots, \alpha_{i_m}$ 中的极大线性无关组为 $\alpha_{j_1}, \alpha_{j_2}, \cdots, \alpha_{j_t}$, 把它扩充为 $\alpha_1, \alpha_2, \cdots, \alpha_s$ 的极大线性无关组

$$\alpha_{j_1}, \alpha_{j_2}, \cdots, \alpha_{j_t}, \alpha_{j_{t+1}}, \cdots, \alpha_{j_r},$$

其中, $\alpha_{j_{t+1}}, \cdots, \alpha_{j_r}$ 是向量组 $\{\alpha_1, \alpha_2, \cdots, \alpha_s\} \setminus \{\alpha_{i_1}, \alpha_{i_2}, \cdots, \alpha_{i_m}\}$ 的一部分(后者有 $s - m$ 个). 故 $r - t \leqslant s - m$, 也就是 $t \geqslant r + m - s$. $\qquad\square$

定义 3.8 设

$$A = \begin{pmatrix} a_{11} & a_{12} & \cdots & a_{1n} \\ a_{21} & a_{22} & \cdots & a_{2n} \\ \vdots & \vdots & & \vdots \\ a_{m1} & a_{m2} & \cdots & a_{mn} \end{pmatrix}$$

是数域 $\mathbb{K}$ 上的 $m \times n$ 矩阵, 记其 m 个行向量为 $\beta_1, \beta_2, \cdots, \beta_m \in \mathbb{K}^n$, n 个列向量为 $\alpha_1, \alpha_2, \cdots, \alpha_n \in \mathbb{K}^m$. 则称 $r(\beta_1, \beta_2, \cdots, \beta_m)$ 和 $r(\alpha_1, \alpha_2, \cdots, \alpha_n)$ 分别是矩阵 A 的**行秩**和**列秩**.

下面的定理我们将省略其证明, 有兴趣的同学可以参看[1, § 3.4].

定理 3.10 设 A 是数域 $\mathbb{K}$ 上的 $m \times n$ 矩阵, 则有

$$A\text{的行秩} = A\text{的列秩} = r(A).$$

例 3.9 设向量组

$$\alpha_1 = \begin{pmatrix} 1 \\ 3 \\ -2 \\ 3 \end{pmatrix}, \quad \alpha_2 = \begin{pmatrix} 3 \\ -1 \\ 4 \\ 9 \end{pmatrix}, \quad \alpha_3 = \begin{pmatrix} -4 \\ 2 \\ -1 \\ -7 \end{pmatrix}, \quad \alpha_4 = \begin{pmatrix} 2 \\ -1 \\ 3 \\ 6 \end{pmatrix}.$$

求该向量组的一个极大线性无关组以及它的秩.

解 由向量组 $\alpha_1, \alpha_2, \alpha_3, \alpha_4$ 构造矩阵

$$A = (\alpha_1, \alpha_2, \alpha_3, \alpha_4).$$

对 A 进行初等行变换可得

$$A = \begin{pmatrix} 1 & 3 & -4 & 2 \\ 3 & -1 & 2 & -1 \\ -2 & 4 & -1 & 3 \\ 3 & 9 & -7 & 6 \end{pmatrix}$$

$$\rightarrow \begin{pmatrix} 1 & 0 & 0 & -\frac{1}{10} \\ 0 & 1 & 0 & \frac{7}{10} \\ 0 & 0 & 1 & 0 \\ 0 & 0 & 0 & 0 \end{pmatrix} := (\alpha_1', \alpha_2', \alpha_3', \alpha_4') := B.$$

显然 $r(A) = r(B) = 3$. 又 B 中的列 $\alpha_1', \alpha_2', \alpha_3'$ 是 B 的列向量组 $\alpha_1', \alpha_2', \alpha_3', \alpha_4'$ 的一个极大线性无关组, 它是由矩阵 $(\alpha_1, \alpha_2, \alpha_3)$ 经过初等行变换所得到的.

所以可以知道: $\alpha_1, \alpha_2, \alpha_3$ 是 A 的列向量组 $\alpha_1, \alpha_2, \alpha_3, \alpha_4$ 的一个极大无关组. □

由上面的例子可知: 对矩阵作初等行变换不改变矩阵列向量之间的线性相关性.

例 3.10 在 $\mathbb{R}^n$ 中, 设向量组 $\alpha_1, \alpha_2, \cdots, \alpha_n$ 是线性无关的. 试判断向量组 $\beta_1 = \alpha_1 + \alpha_2, \beta_2 = \alpha_2 + \alpha_3, \cdots, \beta_{n-1} = \alpha_{n-1} + \alpha_n, \beta_n = \alpha_n + \alpha_1$ 的线性相关性, 并求该向量组的一个极大无关组和它的秩.

证明 以这两个向量组为列构作矩阵 A 和 B 分别是

$$A = \begin{pmatrix} \alpha_1 & \alpha_2 & \cdots & \alpha_n \end{pmatrix}, \quad B = \begin{pmatrix} \beta_1 & \beta_2 & \cdots & \beta_n \end{pmatrix}.$$

则 A 是可逆的, 且有

$$B = A \begin{pmatrix} 1 & 0 & \cdots & 0 & 1 \\ 1 & 1 & \cdots & 0 & 0 \\ \vdots & \vdots & & \vdots & \vdots \\ 0 & 0 & \cdots & 1 & 0 \\ 0 & 0 & \cdots & 1 & 1 \end{pmatrix} := AS. \tag{3.8}$$

在表达式 (3.8) 中系数矩阵 S 的行列式为

$$|S| = \begin{vmatrix} 1 & 0 & \cdots & 0 & 1 \\ 1 & 1 & \cdots & 0 & 0 \\ \vdots & \vdots & & \vdots & \vdots \\ 0 & 0 & \cdots & 1 & 0 \\ 0 & 0 & \cdots & 1 & 1 \end{vmatrix} = 1 + (-1)^{n+1}.$$

当 n 是偶数时, 有 $|S| = 0$, 从而 $r(S) = n - 1$ 且

$$r(B) = r(AS) = r(S) = n - 1.$$

因此, 向量组 $\beta_1, \beta_2, \cdots, \beta_n$ 是线性相关的且秩为 $n - 1$.

当 n 是奇数时, 有 $|S| \neq 0$, 则可以得出

$$r(B) = r(AS) = r(S) = n.$$

所以, 向量组 $\beta_1, \beta_2, \cdots, \beta_n$ 是线性无关的且其秩为 n.   □

例 3.11 设分块矩阵 $P = \begin{pmatrix} A & C \\ \mathbf{0} & B \end{pmatrix}$. 证明

$$r(P) \geqslant r(A) + r(B).$$

证明 不妨设 $A = \begin{pmatrix} \alpha_1 & \cdots & \alpha_s \end{pmatrix}$ 的列向量组的一个极大线性无关向量组为 $\alpha_1, \cdots, \alpha_m$, 从而就有 $r(A) = m \leqslant s$. 再设 $B = \begin{pmatrix} \beta_1 & \cdots & \beta_t \end{pmatrix}$ 的列向量组的一个极大线性无关组是 $\beta_1, \beta_2, \cdots, \beta_n$ (其中 $n \leqslant t$), 从而就有 $r(B) = n$.

当 $C = \mathbf{0}$ 时, P 中 $\alpha_1, \cdots, \alpha_m$ 和 $\beta_1, \beta_2, \cdots, \beta_n$ 所在的列构成的列向量组是 P 的列向量组的一个极大线性无关组, 因此就可以知道 $r(P) = m + n = r(A) + r(B)$.

当 $C \neq \mathbf{0}$ 时, P 中的列向量组的极大线性无关组所含向量个数不小于 $m + n$, 因此 $r(P) \geqslant m + n = r(A) + r(B)$. $\square$

例 3.12 设向量
$$\alpha_1 = \begin{pmatrix} 1 \\ -1 \\ 2 \\ 4 \end{pmatrix}, \quad \alpha_2 = \begin{pmatrix} 0 \\ 3 \\ 1 \\ 2 \end{pmatrix}, \quad \beta_1 = \begin{pmatrix} 3 \\ 0 \\ 7 \\ 14 \end{pmatrix}, \quad \beta_2 = \begin{pmatrix} 2 \\ 1 \\ 5 \\ 10 \end{pmatrix}.$$

证明: 向量组 $\{\alpha_1, \alpha_2\}$ 和 $\{\beta_1, \beta_2\}$ 是等价的, 并求向量组 $\{\alpha_1, \alpha_2\}$ 与 $\{\beta_1, \beta_2\}$ 互相线性表示的表达式.

解 对矩阵 $\begin{pmatrix} \alpha_1 & \alpha_2 & \beta_1 & \beta_2 \end{pmatrix}$ 进行行初等变换得到
$$\begin{pmatrix} \alpha_1 & \alpha_2 & \beta_1 & \beta_2 \end{pmatrix} \longrightarrow \begin{pmatrix} 1 & 0 & 3 & 2 \\ 0 & 1 & 1 & 1 \\ 0 & 0 & 0 & 0 \\ 0 & 0 & 0 & 0 \end{pmatrix}.$$

因此 $\beta_1 = 3\alpha_1 + \alpha_2, \beta_2 = 2\alpha_1 + \alpha_2$, 即
$$\begin{pmatrix} \beta_1 & \beta_2 \end{pmatrix} = \begin{pmatrix} \alpha_1 & \alpha_2 \end{pmatrix} \begin{pmatrix} 3 & 2 \\ 1 & 1 \end{pmatrix}.$$

又由 $\begin{pmatrix} 3 & 2 \\ 1 & 1 \end{pmatrix}^{-1} = \begin{pmatrix} 1 & -2 \\ -1 & 3 \end{pmatrix}$ 可知
$$\begin{pmatrix} \alpha_1 & \alpha_2 \end{pmatrix} = \begin{pmatrix} \beta_1 & \beta_2 \end{pmatrix} \begin{pmatrix} 1 & -2 \\ -1 & 3 \end{pmatrix},$$

即 $\alpha_1 = \beta_1 - \beta_2, \alpha_2 = 3\beta_2 - 2\beta_1$. $\square$

由极大线性无关组的概念可以引出线性空间中基和维数的概念.

定义 3.9 设 W 是数域 $\mathbb{K}$ 上的线性空间 V 的一个线性子空间, 如果 W 中的向量组 $\alpha_1, \cdots, \alpha_r$ 满足条件

(1) $\alpha_1, \alpha_2, \cdots, \alpha_r$ 是线性无关的,

(2) W 中的每一个向量都可以由 $\alpha_1, \alpha_2, \cdots, \alpha_r$ 线性表示,

则称 $\alpha_1, \alpha_2, \cdots, \alpha_r$ 为 W 的一组**基**, 而数 r 称为子空间 W 的**维数**, 记为 $\dim(W) = r$, 并称 W 是 V 的 r 维(**线性**)**子空间**.

注   实数 $\mathbb{R}$ 上的线性空间 $\mathbb{R}$ 的维数是1. 如果把 $\mathbb{C}$ 看作是 $\mathbb{R}$ 上的线性空间, 则 $\{1, i\}$ 是它的基, 从而 $\mathbb{C}$ 在 $\mathbb{R}$ 上的维数是2.

例如: $\mathbb{R}^n$ 的子空间

$$W = \{(x_1, x_2, \cdots, x_{n-1}, 0) : x_1, x_2, \cdots, x_{n-1} \in \mathbb{R}\}$$

的一组基可以取为

$$e_1 = (1, 0, \cdots, 0), \cdots, e_{n-1} = (0, \cdots, 0, 1, 0).$$

从而可知 W 是 $n - 1$ 维子空间.

例 3.13 设 n 阶矩阵 $A = \begin{pmatrix} \lambda & 1 & & & \\ & \lambda & \ddots & & \\ & & \ddots & 1 \\ & & & \lambda \end{pmatrix}$, 其中 λ 是数域 $\mathbb{K}$ 中的数. 证

明: $V = \{B \in M_n : AB = BA\}$ 是线性空间且其维数为 $\dim V = n$.

解 由定义可知, V 是线性空间. 显然, $A = \lambda I_n + C$, 其中 $C = \begin{pmatrix} 0 & 1 & & \\ & 0 & \ddots & \\ & & \ddots & 1 \\ & & & 0 \end{pmatrix}$. B 与 A 可交换当且仅当 B 与 C 是可交换的. 令 $B = (b_{ij})_{n \times n}$,

由 $BC = CB$ 可知

$$b_{ij} = 0 \ (i > j); \quad b_{ii} = b_{jj}, \ b_{ij} = b_{i+1,j+1} \ (i < j).$$

因此, V 的基是 $I_n, C, C^2, \cdots, C^{n-1}$, 也就是 $\dim V = n$. □

习题3.3

1. 设 $m > n$, $A \in M_{m \times n}$, $B \in M_{n \times m}$ 且 $BA = I_n$. 试证明: B 的列向量是线性无关的.

2. 设 $\alpha_1, \alpha_2, \cdots, \alpha_r$ 与 $\alpha_1, \alpha_2, \cdots, \alpha_r, \alpha_{r+1}, \alpha_{r+2}, \cdots, \alpha_s$ 有相同的秩. 证明 $\alpha_1, \alpha_2, \cdots, \alpha_r$ 与 $\alpha_1, \alpha_2, \cdots, \alpha_r, \alpha_{r+1}, \alpha_{r+2}, \cdots, \alpha_s$ 是等价的.

3. 已知向量组

$$\alpha_1 = \begin{pmatrix} a \\ 3 \\ 1 \end{pmatrix}, \quad \alpha_2 = \begin{pmatrix} 2 \\ b \\ 3 \end{pmatrix}, \quad \alpha_3 = \begin{pmatrix} 1 \\ 2 \\ 1 \end{pmatrix}, \quad \alpha_4 = \begin{pmatrix} 2 \\ 3 \\ 1 \end{pmatrix}$$

的秩是2. 求 a, b.

4. 设 $A = \begin{pmatrix} 1 & -1 & 2 & -1 & 0 \\ 2 & -2 & 4 & -2 & 0 \\ 3 & 0 & 5 & -7 & 1 \\ a & 3 & b & c & 2 \end{pmatrix}$. 问 a, b, c 取何值时, A 的列向量组的极大线性无关向量组只有两个向量. (提示: 对 A 做初等行变换.)

5. 设向量组 $\mathcal{B} : \beta_1, \beta_2, \cdots, \beta_r$ 能由向量组 $\mathcal{A} : \alpha_1, \alpha_2, \cdots, \alpha_s$ 线性表示为

$$\begin{pmatrix} \beta_1 & \beta_2 & \cdots & \beta_r \end{pmatrix} = \begin{pmatrix} \alpha_1 & \alpha_2 & \cdots & \alpha_s \end{pmatrix} M$$

其中 M 是 $s \times r$ 矩阵, 且向量组 $\mathcal{A}$ 是线性无关的. 试证明: 向量组 $\mathcal{B}$ 线性无关的充分必要条件是矩阵 M 的秩 $r(M) = r$.

6. 设向量 β 可以由向量组 $\alpha_1, \cdots, \alpha_{r-1}, \alpha_r$ 线性表示, 但是向量 β 不能由向量组 $\alpha_1, \alpha_2, \cdots, \alpha_{r-1}$ 线性表示. 试证明: 向量组 $\alpha_1, \cdots, \alpha_{r-1}, \alpha_r$ 与向量组 $\alpha_1, \cdots, \alpha_{r-1}, \beta$ 有相同的秩.

7. 求$\mathbb{R}^3$ 的下列子空间的一组基和维数:

(1) $W_1 = L(\alpha_1, \alpha_2, \alpha_3)$, 其中$\alpha_1 = \begin{pmatrix} 1 \\ 2 \\ 1 \end{pmatrix}, \alpha_2 = \begin{pmatrix} 1 \\ 1 \\ -1 \end{pmatrix}, \alpha_3 = \begin{pmatrix} 1 \\ 3 \\ 3 \end{pmatrix}$;

(2) $W_2 = L(\beta_1, \beta_2, \beta_3)$, 其中$\beta_1 = \begin{pmatrix} 2 \\ 3 \\ -1 \end{pmatrix}, \beta_2 = \begin{pmatrix} 1 \\ 2 \\ 2 \end{pmatrix}, \beta_3 = \begin{pmatrix} 1 \\ 1 \\ -3 \end{pmatrix}$.

8. 求n阶矩阵的集合M_n 的基和维数.

9. 在$\mathbb{R}^3$ 中, 求向量$\alpha = \begin{pmatrix} 7 \\ 3 \\ 1 \end{pmatrix}$ 在基$\epsilon_1 = \begin{pmatrix} 1 \\ 3 \\ 5 \end{pmatrix}, \epsilon_2 = \begin{pmatrix} 6 \\ 3 \\ 2 \end{pmatrix}, \epsilon_3 = \begin{pmatrix} 3 \\ 1 \\ 0 \end{pmatrix}$ 下的坐标.

§3.4 线性变换

线性空间V 到其自身的映射通常称为V 的一个**变换**; 在本节中我们将介绍最简单最基本的一种变换, 即线性变换.

定义 3.10 线性空间V 的一个变换T 称为是**线性变换**, 对于V 中任意两个元x, y 和数域$\mathbb{K}$ 中的任意两个数λ_1, λ_2, 都有

$$T(\lambda_1 x + \lambda_2 y) = \lambda_1 T(x) + \lambda_2 T(y).$$

下面给出线性变换的几个例子:
(1) 线性空间V 中的**恒等变换** I, 即

$$I(x) = x, \quad (x \in V)$$

以及**零变换** 0, 即

$$0(x) = 0, \quad (x \in V)$$

都是线性变换.

(2) 在多项式空间 $P[x]$ 中, **微商**

$$D : f(x) \in P[x] \mapsto f'(x) \in P[x]$$

是一个线性变换.

(3) 在连续函数空间 $C[a,b]$ 中, **积分映射**

$$\mathfrak{I} : f(x) \in C[a,b] \mapsto \int_a^x f(t)\mathrm{d}t \in C[a,b]$$

是一个线性变换.

(4) 关系式

$$T \begin{pmatrix} x \\ y \end{pmatrix} = \begin{pmatrix} \cos\varphi & -\sin\varphi \\ \sin\varphi & \cos\varphi \end{pmatrix} \begin{pmatrix} x \\ y \end{pmatrix}$$

确定了平面 $\mathbb{R}^2$ 上的一个线性变换. 更进一步地, 如果记 $\begin{pmatrix} x \\ y \end{pmatrix}$ 为 $\begin{pmatrix} r\cos\theta \\ r\sin\theta \end{pmatrix}$, 有

$$T \begin{pmatrix} x \\ y \end{pmatrix} = \begin{pmatrix} x\cos\varphi - y\sin\varphi \\ x\sin\varphi + y\cos\varphi \end{pmatrix} = \begin{pmatrix} r\cos\theta\cos\varphi - r\sin\theta\sin\varphi \\ r\cos\theta\sin\varphi + r\sin\theta\cos\varphi \end{pmatrix}$$
$$= \begin{pmatrix} r\cos(\theta+\varphi) \\ r\sin(\theta+\varphi) \end{pmatrix}.$$

这表明 T 把任意一个向量按逆时针旋转 φ 角.

注 根据定义直接可以验证线性变换 T 具有如下性质:

(1) $T0 = 0, T(-x) = -T(x)$;

(2) 如果 β 是 $\alpha_1, \alpha_2, \cdots, \alpha_r$ 的线性组合:

$$\beta = k_1\alpha_1 + k_2\alpha_2 + \cdots + k_r\alpha_r,$$

则 $T(\beta)$ 也是 $T(\alpha_1), T(\alpha_2), \cdots, T(\alpha_r)$ 的线性组合:

$$T(\beta) = k_1T(\alpha_1) + k_2T(\alpha_2) + \cdots + k_rT(\alpha_r).$$

(3) 如果 $\alpha_1, \alpha_2, \cdots, \alpha_s$ 是线性相关的, 则 $T(\alpha_1), T(\alpha_2), \cdots, T(\alpha_s)$ 也是线性相关的.

对于线性变换, 我们也可以定义其加法、数乘以及乘积运算: 设 T, S 是线性空间 V 上的两个线性变换且 $\lambda \in \mathbb{K}$, 则

- 加法: $(T + S)(x) = T(x) + S(x) \ (x \in V)$.

- 数乘: $(\lambda T)(x) = \lambda T(x) \ (x \in V)$.

- 乘法: $(TS)(x) = T(S(x)) \ (x \in V)$.

注   线性变换的乘法一般不满足交换律. 例如: 在多项式函数空间 $\mathbb{R}[x]$ 中, 令线性变换 T 和 S 为

$$Tf(x) = xf(x) \quad Sf(x) = f(x) + f'(x).$$

则有

$$(TS)f(x) = T(f(x) + f'(x)) = xf(x) + xf'(x)$$

以及

$$(ST)f(x) = S(xf(x)) = xf(x) + f(x) + xf'(x).$$

因此, $ST \neq TS$.

定理 3.11   设 V 是数域 $\mathbb{K}$ 上的线性空间. V 上的全体线性变换, 对于上面定义的加法与数乘, 构成数域 $\mathbb{K}$ 上的一个线性空间.

例 3.14   设 T 是数域 $\mathbb{K}$ 上的线性空间 V 上的线性变换, $\alpha \in V$ 满足 $T^{k-1}(\alpha) \neq 0, T^k(\alpha) = 0$. 证明: $\alpha, T(\alpha), \cdots, T^{k-1}(\alpha)$ 是线性无关的.

证明   设 $t_0\alpha + t_1 T(\alpha) + \cdots + t_{k-1}T^{k-1}(\alpha) = 0$, 则有

$$T^{k-1}(t_0\alpha + \cdots + t_{k-1}T^{k-1}(\alpha)) = 0,$$

也就是 $t_0 T^{k-1}(\alpha) = 0$. 由 $T^{k-1}(\alpha) \neq 0$ 可知 $t_0 = 0$, 从而可以得出

$$t_1 T(\alpha) + \cdots + t_{k-1}T^{k-1}(\alpha) = 0.$$

再用 T^{k-2} 作用上式两端, 则有 $t_1 T^{k-1}(\alpha) = 0$. 又由 $T^{k-1}(\alpha) \neq 0$ 可知 $t_1 = 0$. 如此进行下去, 可以知道 $t_i = 0\ (i = 0, 1, \cdots, k-1)$. $\square$

以下设 V 是数域 $\mathbb{K}$ 上的 n 维线性空间, $e_1, e_2, \cdots, e_n$ 是 V 的一组基. 下面来建立线性变换 T 与矩阵的关系.

对于 V 中的任意一个元 z, 则 z 可以用基 $e_1, e_2, \cdots, e_n$ 线性表示, 也就是

$$z = \lambda_1 e_1 + \lambda_2 e_2 + \cdots + \lambda_n e_n,$$

且系数 $\lambda_1, \lambda_2, \cdots, \lambda_n$ 是唯一确定的(称其为在这组基下的**坐标**). 因此有

$$
\begin{aligned}
T(z) &= T(\lambda_1 e_1 + \lambda_2 e_2 + \cdots + \lambda_n e_n) \\
&= \lambda_1 T(e_1) + \lambda_2 T(e_2) + \cdots + \lambda_n T(e_n).
\end{aligned}
$$

定理 3.12 设 $e_1, e_2, \cdots, e_n$ 是线性空间 V 的基, 则有如下两个结论:

(1) 一个线性变换完全被它在一组基上的作用所决定. 换句话说: 如果线性变换 T 和 S 在这组基上的作用相同, 即

$$T(e_i) = S(e_i), \quad i = 1, 2, \cdots, n,$$

则有 $T = S$.

(2) 对于 V 中的任意一组向量 $\alpha_1, \alpha_2, \cdots, \alpha_n$, 必存在线性变换 U, 使得

$$U(e_i) = \alpha_i, \quad i = 1, 2, \cdots, n. \tag{3.9}$$

证明 (1). 对任意一个向量 $\alpha = x_1 e_1 + \cdots + x_n e_n \in V$, 由条件可知

$$
\begin{aligned}
T(\alpha) &= x_1 T(e_1) + \cdots + x_n T(e_n) \\
&= x_1 S(e_1) + \cdots + x_n S(e_n) = S(\alpha),
\end{aligned}
$$

从而 $T = S$.

(2). 设 $\xi = \sum_{i=1}^{n} z_i e_i$ 是线性空间 V 中的任意一个向量, 定义变换 U 为

$$U(\xi) = \sum_{i=1}^{n} z_i \alpha_i. \tag{3.10}$$

则U 是有意义的. 下面证明U 是线性变换.

事实上, 任取V 中的两个元$\beta = \sum_{i=1}^{n} b_i e_i, \gamma = \sum_{i=1}^{n} c_i e_i$ 以及常数$\lambda \in \mathbb{K}$, 有

$$\beta + \gamma = \sum_{i=1}^{n} (b_i + c_i) e_i$$

和

$$\lambda\beta = \sum_{i=1}^{n} (\lambda b_i) e_i.$$

由(3.10) 可知:

$$\begin{aligned} U(\beta + \gamma) &= \sum_{i=1}^{n} (b_i + c_i)\alpha_i \\ &= \sum_{i=1}^{n} b_a \alpha_i + \sum_{i=1}^{n} c_i \alpha_i \\ &= U(\beta) + U(\gamma) \end{aligned}$$

和

$$U(\lambda\beta) = \sum_{i=1}^{n} (\lambda b_i)\alpha_i = \lambda(\sum_{i=1}^{n} b_i \alpha_i) = \lambda U(\beta).$$

这就说明U 是线性变换. 显然(3.9) 成立.   □

由上述命题可知:

定理 3.13 设$e_1, e_2, \cdots, e_n$ 是线性空间V 的一组基, $\alpha_1, \alpha_2, \cdots, \alpha_n$ 是V 中任意n 个向量, 则存在唯一的线性变换U, 使得

$$U(e_i) = \alpha_i, \quad i = 1, 2, \cdots, n.$$

下面我们就给出线性变换与矩阵的关系:

定义 3.11 设$e_1, e_2, \cdots, e_n$ 是线性空间V 的一组基, T 是中的一个线性变换. 则基的像可以用基线性表示为:

$$\begin{cases} T(e_1) &= a_{11}e_1 &+ a_{21}e_2 &+ \cdots &+ a_{n1}e_n, \\ T(e_2) &= a_{12}e_1 &+ a_{22}e_2 &+ \cdots &+ a_{n2}e_n, \\ \vdots & \vdots & \vdots & & \vdots \\ T(e_n) &= a_{1n}e_1 &+ a_{2n}e_2 &+ \cdots &+ a_{nn}e_n, \end{cases}$$

用矩阵表示就是

$$T(e_1, e_2, \cdots, e_n) = (e_1, e_2, \cdots, e_n)A, \qquad (3.11)$$

其中

$$A = \begin{pmatrix} a_{11} & a_{12} & \cdots & a_{an} \\ a_{21} & a_{22} & \cdots & a_{2n} \\ \vdots & \vdots & & \vdots \\ a_{n1} & a_{n2} & \cdots & a_{nn} \end{pmatrix}.$$

矩阵称为 T 在基 $e_1, e_2, \cdots, e_n$ 下的矩阵. 如果 $T(e_1), \cdots, T(e_n)$ 也是 V 的一组基, 则称 A 是从基 $e_1, \cdots, e_n$ 到基 $T(e_1), \cdots, T(e_n)$ 的**过渡矩阵**.

例 3.15 在三次多项式组成的线性空间 $\mathbb{K}[x]_3$ 中, 取一组基

$$p_1 = 1, \ p_2 = x, \ p_3 = x^2, \ p_4 = x^3.$$

求微分算子 D 的矩阵.

解 显然

$$\begin{cases} D(p_1) = 0 = 0p_1 + 0p_2 + 0p_3 + 0p_4, \\ D(p_2) = 1 = 1p_1 + 0p_2 + 0p_3 + 0p_4, \\ D(p_3) = 2x = 0p_1 + 2p_2 + 0p_3 + 0p_4, \\ D(p_4) = 3x^2 = 0p_1 + 0p_2 + 3p_3 + 0p_4, \end{cases}$$

即

$$D(p_1, p_2, p_3, p_3) = (p_1, p_2, p_3, p_4)A,$$

其中

$$A = \begin{pmatrix} 0 & 1 & 0 & 0 \\ 0 & 0 & 2 & 0 \\ 0 & 0 & 0 & 3 \\ 0 & 0 & 0 & 0 \end{pmatrix}.$$

从而 D 在这组基下的矩阵为 A. $\square$

利用式 (3.11), 直接可以证明:

定理 3.14   设 V 是数域 $\mathbb{K}$ 上的 n 维线性空间且 $e_1, e_2, \cdots, e_n$ 是 V 的一组基, 则每个线性变换按照公式(3.11) 对应数域 $\mathbb{K}$ 上的一个 n 阶矩阵. 此对应有如下性质:

(1) 线性变换的和对应于矩阵的和;

(2) 线性变换的乘积对应于矩阵的乘积;

(3) 线性变换的数量乘积对应于矩阵的数量乘积;

(4) 可逆线性变换与可逆矩阵相对应, 且逆变换对应于逆矩阵.

注   此定理说明: 数域 $\mathbb{K}$ 上的 n 维线性空间的全部线性变换组成的集合 $\mathcal{L}(V)$ 对于线性变换的加法和数乘构成 $\mathbb{K}$ 上的一个线性空间, 且与数域 $\mathbb{K}$ 上的 n 阶矩阵构成的线性空间 $M_n(\mathbb{K})$ 同构.

例 3.16   设矩阵空间 M_2 中的两组基为

$$E_{11} = \begin{pmatrix} 1 & 0 \\ 0 & 0 \end{pmatrix}, E_{12} = \begin{pmatrix} 0 & 1 \\ 0 & 0 \end{pmatrix}, E_{21} = \begin{pmatrix} 0 & 0 \\ 1 & 0 \end{pmatrix}, E_{22} = \begin{pmatrix} 0 & 0 \\ 0 & 1 \end{pmatrix}$$

以及

$$\varepsilon_1 = \begin{pmatrix} 1 & 0 \\ 0 & 0 \end{pmatrix}, \varepsilon_2 = \begin{pmatrix} 1 & 1 \\ 0 & 0 \end{pmatrix}, \varepsilon_3 = \begin{pmatrix} 1 & 1 \\ 1 & 0 \end{pmatrix}, \varepsilon_4 = \begin{pmatrix} 1 & 1 \\ 1 & 1 \end{pmatrix}.$$

(1) 求由基 $E_{11}, E_{12}, E_{21}, E_{22}$ 到基 $\varepsilon_1, \varepsilon_2, \varepsilon_3, \varepsilon_4$ 的过渡矩阵;

(2) 分别求矩阵 $\begin{pmatrix} a & b \\ c & d \end{pmatrix}$ 在上述两组基下的坐标.

解   显然有 $\begin{pmatrix} \varepsilon_1 & \varepsilon_2 & \varepsilon_3 & \varepsilon_4 \end{pmatrix} = \begin{pmatrix} E_{11} & E_{12} & E_{21} & E_{22} \end{pmatrix} \begin{pmatrix} 1 & 1 & 1 & 1 \\ 0 & 1 & 1 & 1 \\ 0 & 0 & 1 & 1 \\ 0 & 0 & 0 & 1 \end{pmatrix}$, 因

此 $P := \begin{pmatrix} 1 & 1 & 1 & 1 \\ 0 & 1 & 1 & 1 \\ 0 & 0 & 1 & 1 \\ 0 & 0 & 0 & 1 \end{pmatrix}$ 是由基 $E_{11}, E_{12}, E_{21}, E_{22}$ 到基 $\varepsilon_1, \varepsilon_2, \varepsilon_3, \varepsilon_4$ 的过渡矩阵.

由

$$A = aE_{11} + bE_{12} + cE_{13} + dE_{14}$$

$$= \begin{pmatrix} E_{11} & E_{12} & E_{21} & E_{22} \end{pmatrix} \begin{pmatrix} a \\ b \\ c \\ d \end{pmatrix}$$

$$= \begin{pmatrix} \varepsilon_1 & \varepsilon_2 & \varepsilon_3 & \varepsilon_4 \end{pmatrix} P^{-1} \begin{pmatrix} a \\ b \\ c \\ d \end{pmatrix}$$

可知: A 在基 $E_{11}, E_{12}, E_{21}, E_{22}$ 下的坐标为 $\begin{pmatrix} a \\ b \\ c \\ d \end{pmatrix}$, 而在基 $\varepsilon_1, \varepsilon_2, \varepsilon_3, \varepsilon_4$ 下的坐标

为 $P^{-1} \begin{pmatrix} a \\ b \\ c \\ d \end{pmatrix} = \begin{pmatrix} a-b \\ b-c \\ c-d \\ d \end{pmatrix}.$ $\square$

习题3.4

1. 在 $\mathbb{R}^3$ 中, 对于任意向量 $\alpha = \begin{pmatrix} x \\ y \\ z \end{pmatrix}$, 规定 $\sigma(\alpha) = \begin{pmatrix} 2x-y \\ y+z \\ x \end{pmatrix}$. 求 σ 在

基 $\alpha_1 = \begin{pmatrix} 1 \\ 0 \\ 0 \end{pmatrix}, \alpha_2 = \begin{pmatrix} 0 \\ 1 \\ 0 \end{pmatrix}, \alpha_3 = \begin{pmatrix} 1 \\ 1 \\ 1 \end{pmatrix}$ 下的矩阵.

2. 设 V 是 n 维线性空间, T 是 V 上的一个线性变换, $\alpha_1, \alpha_2, \cdots, \alpha_n$ 为 V 的一组基满足 $T(\alpha_i) = \alpha_{i+1}$ $(i = 1, 2, \cdots, n-1)$, $T(\alpha_n) = 0$.

(1) 求T在基$\alpha_1, \alpha_2, \cdots, \alpha_n$下的矩阵.

(2) 证明$T^{n-1} \neq 0, T^n = 0$.

(3) T在某组基下的矩阵是 $\begin{pmatrix} 0 & 0 & \cdots & 0 & 0 \\ 1 & 0 & \cdots & 0 & 0 \\ 0 & 1 & \cdots & 0 & 0 \\ \vdots & \vdots & & \vdots & \vdots \\ 0 & 0 & \cdots & 1 & 0 \end{pmatrix}$ 当且仅当存在向量$\xi \in$ V, 使得$T^{n-1}(\xi) \neq 0, T^n(\xi) = 0$.

3. 已知$\alpha_1, \alpha_2, \alpha_3$是线性空间$V$的一组基, 线性变换$T$在该基下的矩阵为

$$A = \begin{pmatrix} 1 & 2 & 2 \\ 2 & 1 & 2 \\ 2 & 2 & 1 \end{pmatrix},$$

且$\beta_1 = \alpha_1 + \alpha_2 + \alpha_3$, $\beta_2 = -\alpha_1 + \alpha_2$, $\beta_3 = -\alpha_2 + \alpha_3$.

(1) 证明: $\beta_1, \beta_2, \beta_3$也是$V$的一组基,

(2) 求T在基$\beta_1, \beta_2, \beta_3$下的矩阵.

4. 集合

$$V = \{(a_0 + a_1 x + a_2 x^2)e^x : a_0, a_1, a_2 \in \mathbb{R}\}$$

对于函数的线性运算构成三维线性空间. 在V中取一组基

$$\alpha_1 = e^x, \ \alpha_2 = xe^2, \ \alpha_3 = x^2 e^x.$$

求微分运算D在这组基下的矩阵.

§3.5 线性方程组

定理 3.15 (线性方程组有解判别定理、克罗内克定理) 线性方程组

$$\begin{cases} a_{11}x_1 & + & a_{12}x_2 & + & \cdots & + & a_{1n}x_n & = & b_1 \\ a_{21}x_1 & + & a_{22}x_2 & + & \cdots & + & a_{2n}x_n & = & b_2 \\ \vdots & & \vdots & & & & \vdots & & \vdots \\ a_{m1}x_1 & + & a_{m2}x_2 & + & \cdots & + & a_{mn}x_n & = & b_m \end{cases} \tag{3.12}$$

有解的充分必要条件是它的系数矩阵 A 与增广矩阵 $\widetilde{A} = \begin{pmatrix} A & \beta \end{pmatrix}$ 有相同的秩,

也就是 $r(A) = r(\widetilde{A})$. 这里, $A = \begin{pmatrix} a_{11} & a_{12} & \cdots & a_{1n} \\ a_{21} & a_{22} & \cdots & a_{2n} \\ \vdots & \vdots & & \vdots \\ a_{m1} & a_{m2} & \cdots & a_{mn} \end{pmatrix}$ 以及 $\beta = \begin{pmatrix} b_1 \\ b_2 \\ \vdots \\ b_m \end{pmatrix}$.

证明 $\widetilde{A}$ 的列向量记为 $\alpha_1, \alpha_2, \cdots, \alpha_n, \beta$, 则 A 的列向量组为 $\alpha_1, \alpha_2, \cdots, \alpha_n$. 于是方程组(3.12) 可以写为

$$x_1\alpha_1 + x_2\alpha_2 + \cdots + x_n\alpha_n = \beta. \tag{3.13}$$

先证明必要性. 设方程组(3.12) 有解, 则 β 可以 $\alpha_1, \alpha_2, \cdots, \alpha_n$ 由线性表示. 于是向量组 $\alpha_1, \alpha_2, \cdots, \alpha_n$ 与向量组 $\alpha_1, \alpha_2, \cdots, \alpha_n, \beta$ 是等价的, 从而它们有相同的秩, 即有 $r(A) = r(\widetilde{A})$.

再来证明充分性. 由 $r(A) = r(\widetilde{A})$ 可知

$$\dim L(\alpha_1, \alpha_2, \cdots, \alpha_n) = \dim L(\alpha_1, \alpha_2, \cdots, \alpha_n, \beta).$$

又 $L(\alpha_1, \alpha_2, \cdots, \alpha_n)$ 是 $L(\alpha_1, \alpha_2, \cdots, \alpha_n, \beta)$ 的子空间, 所以就可以得出

$$L(\alpha_1, \alpha_2, \cdots, \alpha_n) = L(\alpha_1, \alpha_2, \cdots, \alpha_n, \beta).$$

因此 $\beta \in L(\alpha_1, \alpha_2, \cdots, \alpha_n)$, 由此证得方程组(3.12) 是有解的.   □

注 对于上述的线性方程组 $AX = \beta$, 如果 $\beta \neq 0$, 则称其为**非齐次线性方程组**; 如果 $\beta = 0$, 则称其为**齐次线性方程组**.

定理 3.16 设线性方程组 $AX = \beta$ 有解. 当 $r(A) = n$ 时, 方程组有唯一的解; 当 $r(A) < n$ 时, 方程组有无穷多个解.

证明 只要注意到矩阵的秩与其行阶梯矩阵的秩是相同的, 我们就可以导出结论. $\square$

推论 齐次线性方程组 $AX = 0$ (其中 $A \in M_{m \times n}$ 且 $X \in \mathbb{K}^n$) 有非零解的充分必要条件是 $r(A) < n$.

例 3.17 判断下面的线性方程组是否有解:

$$\begin{cases} x_1 & + & x_2 & + & x_3 & = & 1 \\ t_1 x_1 & + & t_2 x_2 & + & t_3 x_3 & = & t_4 \\ t_1^2 x_1 & + & t_2^2 x_2 & + & t_3^2 x_3 & = & t_4^2 \\ t_1^3 x_1 & + & t_2^3 x_2 & + & t_3^3 x_3 & = & t_4 \end{cases} \tag{3.14}$$

其中 $t_i \neq t_j$ (当 $i, j = 1, 2, 3, 4$ 且 $i \neq j$ 时).

解 方程组 (3.14) 的增广矩阵的行列式是范德蒙行列式, 因而 $|\widetilde{A}| \neq 0$, 故有 $r(\widetilde{A}) = 4$. 而方程组的系数矩阵 A 为 4×3 矩阵, 因此 $r(A) \leqslant 3$. 这样一来就有 $r(A) \neq r(\widetilde{A})$, 因而方程组 (3.14) 是无解的. $\square$

例 3.18 讨论 a, b 取何值的时候方程组

$$\begin{cases} ax_1 & + & x_2 & + & x_3 & = & 4 \\ x_1 & + & bx_2 & + & x_3 & = & 3 \\ x_1 & + & 2bx_2 & + & x_3 & = & 4 \end{cases} \tag{3.15}$$

有唯一的解、无解、有无穷多个解?

解 方程组 (3.15) 的系数矩阵的行列式为

$$|A| = \begin{vmatrix} a & 1 & 1 \\ 1 & b & 1 \\ 1 & 2b & 1 \end{vmatrix} = \begin{vmatrix} a-1 & 1 & 1 \\ 0 & b & 1 \\ 0 & 2b & 1 \end{vmatrix}.$$

(1) 当 $b \neq 0$ 且 $a \neq 1$ 时, 有 $|A| \neq 0$, 因而方程组 (3.15) 有唯一解.

(2) 当 $b=0$ 时, 有 $|A|=0, r(A)<3$. 此时方程组(3.15) 的增广矩

阵 $\widetilde{A}=\begin{pmatrix} a & 1 & 1 & 4 \\ 1 & 0 & 1 & 3 \\ 1 & 0 & 1 & 4 \end{pmatrix}$ 的秩为3. 因而就有 $r(A)\neq r(\widetilde{A})$, 此时方程组(3.15) 是

无解的.

(3) 当 $a=1$ 且 $b\neq 0$ 时, 通过矩阵行变换可以得到

$$\widetilde{A} = \begin{pmatrix} 1 & 1 & 1 & 4 \\ 1 & b & 1 & 3 \\ 1 & 2b & 1 & 4 \end{pmatrix} \to \begin{pmatrix} 1 & 1 & 1 & 4 \\ 0 & b-1 & 0 & -1 \\ 0 & b & 0 & 1 \end{pmatrix}$$

$$\to \begin{pmatrix} 1 & 1 & 1 & 1 \\ 0 & -1 & 0 & -2 \\ 0 & b & 0 & 1 \end{pmatrix} = \begin{pmatrix} 1 & 0 & 1 & 2 \\ 0 & 1 & 0 & 2 \\ 0 & 0 & 0 & 1-2b \end{pmatrix}.$$

显然 $r(A)=2$. 因此, 当 $b\neq 0, \frac{1}{2}$ 时, 有 $r(\widetilde{A})=3$, 从而方程组(3.15) 是无解的; 当 $b=\frac{1}{2}$ 时, 有 $r(\widetilde{A})=2<3$, 从而方程组(3.15) 有无穷多个解. 此时方程组可化为

$$\begin{cases} x_1 & + & x_3 & = & 2 \\ & x_2 & & = & 2 \end{cases}$$

故其通解为

$$\begin{cases} x_1 & = & 2-x_3, \\ x_2 & = & 2, \end{cases}$$

其中 x_3 为自由变量. $\square$

例 3.19 设 A 是 n 阶反对称矩阵, β 是 n 维列向量. 如果线性方程组 $AX=\beta$ 有解, 则

$$r(A)=r\begin{pmatrix} A & \beta \\ -\beta^{\mathrm{T}} & 0 \end{pmatrix}.$$

证明 设 X_0 是线性方程组 $AX=\beta$ 的解, 从而就有 $\beta^{\mathrm{T}}=-X_0^{\mathrm{T}}A$. 因此

$$\beta^{\mathrm{T}}X_0 = -X_0^{\mathrm{T}}AX_0 = -X_0^{\mathrm{T}}\beta = -(\beta^{\mathrm{T}}X_0)^{\mathrm{T}},$$

进而可以导出 $\beta^{\mathrm{T}} X_0 = 0$. 故

$$\begin{pmatrix} A \\ -\beta^{\mathrm{T}} \end{pmatrix} X_0 = \begin{pmatrix} \beta \\ 0 \end{pmatrix}.$$

由此可知 X_0 是线性方程组

$$\begin{pmatrix} A \\ -\beta^{\mathrm{T}} \end{pmatrix} X = \begin{pmatrix} \beta \\ 0 \end{pmatrix}$$

的解, 从而就知道

$$r\begin{pmatrix} A \\ -\beta^{\mathrm{T}} \end{pmatrix} = r\begin{pmatrix} A & \beta \\ -\beta^{\mathrm{T}} & 0 \end{pmatrix}.$$

又由

$$r(A) = r\begin{pmatrix} A & \beta \end{pmatrix} = r\begin{pmatrix} -A \\ \beta^{\mathrm{T}} \end{pmatrix} = r\begin{pmatrix} A \\ -\beta^{\mathrm{T}} \end{pmatrix}$$

可得结论.　　□

下面, 我们先来讨论齐次线性方程组解的结构.

定理 3.17　齐次方程组

$$\begin{cases} a_{11}x_1 & + & a_{12}x_2 & + & \cdots & + & a_{1n}x_n & = & 0 \\ a_{21}x_1 & + & a_{22}x_2 & + & \cdots & + & a_{2n}x_n & = & 0 \\ \vdots & & \vdots & & & & \vdots & & \vdots \\ a_{m1}x_1 & + & a_{m2}x_2 & + & \cdots & + & a_{mn}x_n & = & 0 \end{cases} \tag{3.16}$$

的解集 W 是 $\mathbb{K}^n$ 的一个子空间, 并称其为方程组(3.16) 的 **解空间**.

证明　将方程组(3.16) 写成矩阵的形式

$$AX = 0, \tag{3.17}$$

其中 $A = \begin{pmatrix} a_{11} & a_{12} & \cdots & a_{1n} \\ a_{21} & a_{22} & \cdots & a_{2n} \\ \vdots & \vdots & & \vdots \\ a_{m1} & a_{m2} & \cdots & a_{mn} \end{pmatrix}$ 且 $X = \begin{pmatrix} x_1 \\ x_2 \\ \vdots \\ x_n \end{pmatrix}$. 因为零向量必然是方程

组(3.17) 的解, 因而 $W \neq \emptyset$.

对任意的$\eta_1, \eta_2 \in W$ 以及$\lambda \in \mathbb{K}$, 由$A\eta_1 = A\eta_2 = 0$ 可知

$$A(\lambda\eta_1 + \eta_2) = \lambda A(\eta_1) + A(\eta_2) = 0.$$

这就得到$\lambda\eta_1 + \eta_2 \in W$, 因此$W$ 是$\mathbb{K}^n$ 的线性子空间. □

更进一步地, 为了确定齐次方程组(3.16) 的解空间的结构, 我们需要找到它的一组基, 此处称为方程组(3.16) 的**基础解系**.

定义 3.12 当齐次方程组(3.16) 有非零解时, 如果它的解向量$\eta_1, \eta_2, \cdots, \eta_r$ 满足以下两个条件:

(1) $\eta_1, \eta_2, \cdots, \eta_r$ 是线性无关的,

(2) 方程组(3.16) 的每一个解η 都可以由$\eta_1, \eta_2, \cdots, \eta_r$ 线性表示.

则称$\eta_1, \eta_2, \cdots, \eta_r$ 为齐次方程组(3.16) 的一个**基础解系**. 此时, 方程组(3.16) 的解空间就是

$$\{\lambda_1\eta_1 + \lambda_2\eta_2 + \cdots + \lambda_r\eta_r : \lambda_1, \lambda_2, \cdots, \lambda_r \in \mathbb{K}\},$$

而称$\eta = \lambda_1\eta_1 + \lambda_2\eta_2 + \cdots + \lambda_r\eta_r$ 为方程组(3.16) 的通解.

注 齐次方程组的基础解系就是其解空间的一个极大线性无关组.

定理 3.18 齐次方程组(3.16) 的系数矩阵A 的秩$r < n$, 则其一定有基础解系; 且它的每一个基础解系所含向量的个数为$n - r$, 也就是说它的解空间的维数是$n - r$.

例 3.20 求齐次方程组

$$\begin{cases} x_1 + x_2 - 3x_4 - x_5 = 0 \\ x_1 - x_2 + 2x_3 - x_4 = 0 \\ 4x_1 - 2x_2 + 6x_3 + 3x_4 - 4x_5 = 0 \\ 2x_1 + 4x_2 - 2x_3 + 4x_4 - 7x_5 = 0 \end{cases} \tag{3.18}$$

的基础解系.

解 先将方程组(3.18) 的系数矩阵通过行初等变换化为阶梯矩阵

$$A = \begin{pmatrix} 1 & 1 & 0 & -3 & -1 \\ 1 & -1 & 2 & -1 & 0 \\ 4 & -2 & 6 & 3 & -4 \\ 2 & 4 & -2 & 4 & -7 \end{pmatrix} \rightarrow \begin{pmatrix} 1 & 0 & 1 & 0 & -\frac{7}{6} \\ 0 & 1 & -1 & 0 & -\frac{5}{6} \\ 0 & 0 & 0 & 1 & -\frac{1}{3} \\ 0 & 0 & 0 & 0 & 0 \end{pmatrix}.$$

从而就有

$$\begin{cases} x_1 = -x_3 + \frac{7}{6}x_5, \\ x_2 = x_3 + \frac{5}{6}x_5, \\ x_4 = \frac{1}{3}x_5, \end{cases} \tag{3.19}$$

这里 x_3, x_5 是自由变量. 在(3.19) 中依次令 $\begin{pmatrix} x_3 \\ x_5 \end{pmatrix} = \begin{pmatrix} 1 \\ 0 \end{pmatrix}, \begin{pmatrix} 0 \\ 1 \end{pmatrix}$ 可得

$$\begin{pmatrix} x_1 \\ x_2 \\ x_3 \end{pmatrix} = \begin{pmatrix} -1 \\ 1 \\ 0 \end{pmatrix}, \quad \begin{pmatrix} \frac{7}{6} \\ \frac{5}{6} \\ \frac{1}{3} \end{pmatrix}.$$

因此, 方程组(3.18)的基础解系是

$$\eta_1 = \begin{pmatrix} -1 \\ 1 \\ 1 \\ 0 \\ 0 \end{pmatrix}, \quad \eta_2 = \begin{pmatrix} \frac{7}{6} \\ \frac{5}{6} \\ 0 \\ \frac{1}{3} \\ 1 \end{pmatrix}.$$

通解为 $\eta = \lambda_1\eta_1 + \lambda_2\eta_2 \ (\forall \lambda_1, \lambda_2 \in \mathbb{K})$. $\square$

利用齐次线性方程组的解的结构, 我们可以讨论矩阵乘法的秩.

例 3.21 设 A 和 B 分别是 $m \times n$ 和 $n \times s$ 矩阵且有 $AB = 0$. 试证明

$$r(A) + r(B) \leqslant n.$$

证明 如果 $B = 0$, 显然有 $r(A) + r(B) \leqslant n$. 当 $B \neq 0$ 时, 将 B 按列分块设为 $B = (\beta_1, \beta_2, \cdots, \beta_s)$. 由

$$AB = A(\beta_1, \beta_2, \cdots, \beta_s) = (A\beta_1, A\beta_2, \cdots, A\beta_s) = 0$$

可知

$$A\beta_j = 0, \quad j = 1, 2, \cdots, s.$$

又至少存在一个 j_0 使得 $\beta_j \neq 0$, 也就是说齐次线性方程组 $AX = 0$ 有非零解. 设 $r(A) = r$ 且设其基础解系是 $\eta_1, \eta_2, \cdots, \eta_{n-r}$, 则 B 的列向量 $\beta_1, \beta_2, \cdots, \beta_s$ 作为 $AX = 0$ 的解向量可以由 $\eta_1, \eta_2, \ldots, \eta_{n-r}$ 线性表示. 因此就可以导出

$$r(B) = r(\beta_1, \beta_2, \cdots, \beta_s) \leqslant r(\eta_1, \cdots, \eta_{n-r}) = n - r(A),$$

也就有 $r(A) + r(B) \leqslant n$. $\square$

例 3.22 设 A 为 $m \times n$ 实矩阵, 试证明 $r(A^{\mathrm{T}}A) = r(A)$.

证明 考虑齐次线性方程组 $AX = 0$ 和 $(A^{\mathrm{T}}A)X = 0$, 只需要证明它们有相同的解空间就可以了.

如果向量 Y 满足 $AY = 0$, 则显然有 $(A^{\mathrm{T}}A)Y = 0$.

另一方面, 如果向量 Z 满足 $(A^{\mathrm{T}}A)Z = 0$, 则有

$$Z^{\mathrm{T}}(A^{\mathrm{T}}A)X = 0,$$

也即是 $(AZ)^{\mathrm{T}}(AZ) = 0$. 由 $AZ \in \mathbb{R}^n$ 可知 $AZ = 0$. $\square$

例 3.23 设向量组 $\alpha_1 = (a_{11}, a_{12}, \cdots, a_{1n}), \cdots, \alpha_m = (a_{m1}, a_{m2}, \cdots, a_{mn})$, $\beta = (b_1, b_2, \cdots, b_n)$. 如果线性方程组

$$\begin{cases} a_{11}x_1 & + & a_{12}x_2 & + & \cdots & + & a_{1n}x_n & = & 0 \\ a_{21}x_1 & + & a_{22}x_2 & + & \cdots & + & a_{2n}x_n & = & 0 \\ \vdots & & \vdots & & & & \vdots & & \\ a_{m1}x_1 & + & a_{m2}x_2 & + & \cdots & + & a_{mn}x_n & = & 0 \end{cases}$$

的解都是 $b_1x_1 + b_2x_2 + \cdots + b_nx_n = 0$ 的解, 则 β 可以由 $\alpha_1, \alpha_2, \cdots, \alpha_m$ 线性表示.

证明 线性方程组

$$\begin{cases} a_{11}x_1 & + & a_{12}x_2 & + & \cdots & + & a_{1n}x_n & = & 0 \\ a_{21}x_1 & + & a_{22}x_2 & + & \cdots & + & a_{2n}x_n & = & 0 \\ \vdots & & \vdots & & & & \vdots & & \\ a_{m1}x_1 & + & a_{m2}x_2 & + & \cdots & + & a_{mn}x_n & = & 0 \end{cases}$$

与线性方程组

$$\begin{cases} a_{11}x_1 & + & a_{12}x_2 & + & \cdots & + & a_{1n}x_n & = & 0 \\ a_{21}x_1 & + & a_{22}x_2 & + & \cdots & + & a_{2n}x_n & = & 0 \\ \vdots & & \vdots & & & & \vdots & & \\ a_{m1}x_1 & + & a_{m2}x_2 & + & \cdots & + & a_{mn}x_n & = & 0 \\ b_1x_1 & + & b_2x_2 & + & \cdots & + & b_nx_n & = & 0 \end{cases}$$

同解, 因此有相同的基础解系, 从而系数矩阵的秩相同. 因此, 行向量
组 $\alpha_1, \alpha_2, \cdots, \alpha_m$ 与 $\alpha_1, \alpha_2, \cdots, \alpha_m, \beta$ 的秩是相等的, 从而有相同的极大线
性无关组. 故 β 可以由 $\alpha_1, \alpha_2, \cdots, \alpha_m$ 线性表示.　□

下面我们来讨论非齐次线性方程组解的结构. 设非齐次线性方程组为

$$\begin{cases} a_{11}x_1 & + & a_{12}x_2 & + & \cdots & + & a_{1n}x_n & = & b_1 \\ a_{21}x_1 & + & a_{22}x_2 & + & \cdots & + & a_{2n}x_n & = & b_2 \\ \vdots & & \vdots & & & & \vdots & & \\ a_{m1}x_1 & + & a_{m2}x_2 & + & \cdots & + & a_{mn}x_n & = & b_m \end{cases} \tag{3.20}$$

且用矩阵表示为

$$AX = \beta \tag{3.21}$$

其中 $A \in M_{m \times n}$ 为系数矩阵 $A = \begin{pmatrix} a_{11} & a_{12} & \cdots & a_{1n} \\ a_{21} & a_{22} & \cdots & a_{2n} \\ \vdots & \vdots & & \vdots \\ a_{m1} & a_{m2} & \cdots & a_{mn} \end{pmatrix}$, 而 $\beta \in M_{m \times 1}$ 为 m

维列向量 $\beta = \begin{pmatrix} b_1 \\ b_2 \\ \vdots \\ b_m \end{pmatrix}$. 当 $\beta = 0$ 时, 方程组(3.21) 化为齐次方程组 $AX = 0$, 则称 $AX = 0$ 为由方程组(3.21) **导出的齐次线性方程组**.

定理 3.19 非齐次线性方程组 $AX = \beta$ 和齐次线性方程组 $AX = 0$ 的解之间有如下的关系:

(1) 如果 X_1, X_2 是非齐次线性方程组 $AX = \beta$ 的两个解, 则 $X_1 - X_2$ 是其导出齐次方程组 $AX = 0$ 的解.

(2) 如果 X_0 是非齐次方程组 $AX = \beta$ 的一个解, 而 Z 是其导出齐次方程组 $AX = 0$ 的任意一个解, 则 $X_0 + Z$ 也是非齐次方程组 $AX = \beta$ 的解.

证明 (1) 由 $AX_1 = AX_2 = \beta$ 可知

$$A(X_1 - X_2) = AX_1 - AX_2 = \beta - \beta = 0,$$

从而 $X_1 - X_2$ 是 $AX = 0$ 的解.

(2) 由 $AX_0 = \beta, AZ = 0$ 可知

$$A(X_0 + Z) = AX_0 + AZ = \beta + 0 = \beta,$$

从而 $X_0 + Z$ 是 $AX = \beta$ 的解. $\square$

由此, 我们可以得出非齐次线性方程组 $AX = \beta$ 的解的结构.

定理 3.20 如果非齐次线性方程组 $AX = \beta$ 有解且 $r(A) = r$, 则其通解是

$$X = X_0 + \lambda_1 \eta_1 + \lambda_2 \eta_2 + \cdots + \lambda_{n-r} \eta_{n-r}, \tag{3.22}$$

其中, X_0 是 $AX = \beta$ 的一个解(称之为 $AX = \beta$ 的特解), 而 $\eta_1, \eta_2, \cdots, \eta_{n-r}$ 是其导出齐次线性方程组 $AX = 0$ 的一个基础解系, $\lambda_1, \lambda_2, \cdots, \lambda_{n-r} \in \mathbb{K}$ 是任意常数.

例 3.24 设 4 阶矩阵为 $A = \begin{pmatrix} \alpha_1 & \alpha_2 & \alpha_3 & \alpha_4 \end{pmatrix}$, 其中 4 维列向量 $\alpha_2, \alpha_3, \alpha_4$ 是线性无关的且 $\alpha_1 = 2\alpha_2 - \alpha_3$. 如果 $\beta = \alpha_1 + \alpha_2 + \alpha_3 + \alpha_4$, 求线性方程组 $AX = \beta$ 的通解.

解 设 $X = \begin{pmatrix} x_1 \\ x_2 \\ x_3 \\ x_4 \end{pmatrix}$, 则 $AX = \beta$ 表示为

$$x_1\alpha_1 + x_2\alpha_2 + x_3\alpha_3 + x_4\alpha_4 = \alpha_1 + \alpha_2 + \alpha_3 + \alpha_4. \tag{3.23}$$

将 $\alpha_1 = 2\alpha_2 - \alpha_3$ 带入式(3.23) 可得

$$(2x_1 + x_2)\alpha_2 + (-x_1 + x_3)\alpha_3 + x_4\alpha_4 = 3\alpha_2 + \alpha_4. \tag{3.24}$$

所以式(3.24) 就是线性方程组 $AX = \beta$. 先求其某一个特解 X_0. 由式(3.24) 可知: 当取 $x_1 = 1$ 时, 有 $x_4 = 1, 2x_1 + x_2 = 3$ 且 $-x_1 + x_3 = 0$. 从而可知

$$X_0 = \begin{pmatrix} 1 \\ 1 \\ 1 \\ 1 \end{pmatrix}.$$

其次, 求非齐次线性方程组 $AX = \beta$ 对应的齐次线性方程组 $AX = 0$ 的通解 $\widetilde{X}$. 利用式(3.24), 则 $AX = 0$ 可以写为

$$(2x_1 + x_2)\alpha_2 + (-x_1 + x_3)\alpha_3 + x_4\alpha_4 = 0. \tag{3.25}$$

由 $\alpha_2, \alpha_3, \alpha_4$ 线性无关可知

$$2x_1 + x_2 = -x_1 + x_3 = x_4 = 0.$$

因此得到齐次线性方程组 $AX = 0$ 的通解是

$$\widetilde{X} = \lambda \begin{pmatrix} 1 \\ -2 \\ 1 \\ 0 \end{pmatrix}.$$

综上可知, $AX = \beta$ 的通解是

$$X = X_0 + \widetilde{X} = \begin{pmatrix} 1 \\ 1 \\ 1 \\ 1 \end{pmatrix} + \lambda \begin{pmatrix} 1 \\ -2 \\ 1 \\ 0 \end{pmatrix},$$

其中 λ 为任意常数.   □

例 3.25   求下面非齐次线性方程组的通解:

$$\begin{cases} x & + & y & - & 3z & = & -1, \\ 3x & - & y & - & 3z & = & 4, \\ x & + & 5y & - & 9z & = & -8. \end{cases} \tag{3.26}$$

解   对方程组的增广矩阵 $\widetilde{A}$ 进行初等行变换有

$$\widetilde{A} = \begin{pmatrix} 1 & 1 & -3 & -1 \\ 3 & -1 & -3 & 4 \\ 1 & 5 & -9 & -8 \end{pmatrix} \rightarrow \begin{pmatrix} 1 & 1 & -3 & -1 \\ 0 & -4 & 6 & 7 \\ 0 & 0 & 0 & 0 \end{pmatrix}.$$

由 $r(A) = r(\widetilde{A}) = 2$ 可知, 方程组(3.26) 是有解的, 且可以化简为

$$\begin{cases} x & + & y - 3z = -1, \\ & & -4y + 6z = 7, \end{cases} \tag{3.27}$$

其中 z 是自由变量. 因此, 向量 $X_0 = \begin{pmatrix} \frac{3}{4} \\ -\frac{7}{4} \\ 0 \end{pmatrix}$ 是方程组(3.26) 的一个特解,

而 $Z = \begin{pmatrix} \frac{3}{2} \\ \frac{3}{2} \\ 1 \end{pmatrix}$ 是导出方程组

$$\begin{cases} x & + & y & - & 3z & = & 0 \\ 3x & - & y & - & 3z & = & 0 \\ x & + & 5y & - & 9z & = & 0 \end{cases}$$

的基础解系. 因此, 方程组(3.26) 的通解是 $X = X_0 + \lambda Z \ (\forall \lambda \in \mathbb{K})$.   □

例 3.26   考虑线性方程组

$$\begin{cases} x_1 - x_2 - x_3 + x_4 = 1, \\ x_1 + x_2 - 3x_3 + x_4 = 1. \end{cases}$$

(1) 求该方程组的解;

(2) 求全体解集合的极大线性无关组.

解 (1) 对该方程组的增广矩阵 $\begin{pmatrix} 1 & -1 & -1 & 1 & 1 \\ 1 & 1 & -3 & 1 & 1 \end{pmatrix}$ 进行初等行变换可

以得到 $\begin{pmatrix} 1 & 0 & -2 & 1 & 1 \\ 0 & 1 & -1 & 0 & 0 \end{pmatrix}$. 因此, 原线性方程组的解是

$$\{\alpha + k_1\alpha_1 + k_2\alpha_2 : k_1, k_2 \in \mathbb{R}\},$$

其中 $\alpha = \begin{pmatrix} 0 \\ 0 \\ 0 \\ 1 \end{pmatrix}, \alpha_1 = \begin{pmatrix} 2 \\ 1 \\ 1 \\ 0 \end{pmatrix}, \alpha_2 = \begin{pmatrix} -1 \\ 0 \\ 0 \\ 1 \end{pmatrix}.$

(2) 我们证明 $\{\alpha, \alpha + \alpha_1, \alpha + \alpha_2\}$ 是原线性方程组的解集合的一个极大线性无关组. 事实上, 由

$$\alpha = \begin{pmatrix} \alpha & \alpha + \alpha_1 & \alpha + \alpha_2 \end{pmatrix} X = 0 \Longrightarrow X = 0$$

可知 $\alpha, \alpha + \alpha_1, \alpha + \alpha_2$ 是线性无关的. 此外, 任意一个解向量 β 可以表示为

$$\beta = \alpha + k_1\alpha_1 + k_2\alpha_2 = (1 - k_1 - k_2)\alpha + k_1(\alpha + \alpha_1) + k_2(\alpha + \alpha_2),$$

其中 $k_1, k_2 \in \mathbb{R}$. $\square$

例 3.27   设 α, β 均是 n 维非零列向量且 A 是 n 阶可逆矩阵, 则

$$(\beta^{\mathrm{T}} A^{-1} \alpha) A - \alpha\beta^{\mathrm{T}}$$

是不可逆矩阵.

证明 由 A 是可逆矩阵以及 $\alpha \neq 0$ 可知 $A^{-1}\alpha \neq 0$. 又由于

$$((\beta^{\mathrm{T}}A^{-1}\alpha)A - \alpha\beta^{\mathrm{T}})(A^{-1}\alpha) = (\beta^{\mathrm{T}}A^{-1}\alpha)\alpha - \alpha(\beta^{\mathrm{T}}A^{-1}\alpha) = 0$$

故线性方程组

$$((\beta^{\mathrm{T}}A^{-1}\alpha)A - \alpha\beta^{\mathrm{T}})X = 0$$

有非零解. 因此, $(\beta^{\mathrm{T}}A^{-1}\alpha)A - \alpha\beta^{\mathrm{T}}$ 是不可逆矩阵. $\qquad\square$

例 3.28 如果 n 阶矩阵 $A = (a_{ij})_{n \times n} \in M_n$ 满足

$$|a_{ii}| > \sum_{j \neq i}|a_{ij}|, \quad i = 1, 2, \cdots n. \tag{3.28}$$

则 A 必然是可逆矩阵. 这里, 称满足条件 (3.28) 的矩阵为阿达玛矩阵.

证明 如果 A 是不可逆矩阵, 则线性方程组 $AX = 0$ 有非零解 $X = \begin{pmatrix} \xi_1 \\ \xi_2 \\ \vdots \\ \xi_n \end{pmatrix}$,

这里 $\xi_1, \xi_2, \cdots, \xi_n$ 不全为零. 从而就有

$$\sum_{j=1}^{n} a_{ij}\xi_j = 0, \quad i = 1, 2, \cdots, n,$$

也就是

$$a_{ii}\xi_i = -\sum_{j \neq i} a_{ij}\xi_j, \quad i = 1, 2, \cdots, n.$$

两边取绝对值可得

$$\begin{aligned} |a_{ii}||\xi_i| &= \left|-\sum_{j \neq i} a_{ij}\xi_j\right| \\ &\leqslant \sum_{j \neq i}|a_{ij}||\xi_j|, \quad i = 1, 2, \cdots, n. \end{aligned} \tag{3.29}$$

记 $|\xi_{i_0}| = \max\{|\xi_1|, |\xi_2|, \cdots, |\xi_n|\}$, 由式 (3.29) 可知

$$|a_{i_0 i_0}||\xi_{i_0}| \leqslant \sum_{j \neq i_0}|a_{i_0 j}||\xi_j| \leqslant (\sum_{j \neq i_0}|a_{i_0 j}|)|\xi_{i_0}|. \tag{3.30}$$

注意到 $\xi_1, \xi_2, \cdots, \xi_n$ 不全为零, 从而必然有 $\xi_{i_0} \neq 0$, 于是式(3.30) 可以化为

$$|a_{i_0 i_0}| \leqslant \sum_{j \neq i_0} |a_{i_0 j}|.$$

此为矛盾. 因此, A 必然是可逆矩阵.   □

例 3.29 设 A 是 n 阶反对称实矩阵, D 是 n 阶实对角矩阵且其主对角元均大于零, 试证明

$$|A + D| \neq 0.$$

证明 反证法, 假设 $|A + D| = 0$, 则存在非零的 n 维实列向量 X_0 使得

$$(A + D)X_0 = 0.$$

由 A 是反对称矩阵可知

$$X_0^{\mathrm{T}}(A + D)X_0 = X_0^{\mathrm{T}} D X_0 = 0.$$

记 $X_0 = \begin{pmatrix} \xi_1 & \xi_2 & \cdots & \xi_n \end{pmatrix}^{\mathrm{T}}$ 且 $D = \mathrm{diag}(d_1, d_2, \cdots, d_n)$, 则上式化为

$$X_0^{\mathrm{T}} D X_0 = \sum_{i=1}^{n} d_i \xi_i^2 = 0.$$

由 $d_i > 0$ 以及 $\xi_i \in \mathbb{R} \ (1 \leqslant i \leqslant n)$ 可知

$$\xi_1 = \xi_2 = \cdots = \xi_n = 0,$$

也就是 $X_0 = 0$. 此为矛盾.   □

例 3.30 设三元非齐次线性方程组的系数矩阵的秩为1. 已知 η_1, η_2, η_3 为其三个非零解且 $\eta_1 + \eta_2 = \begin{pmatrix} 1 \\ 2 \\ 3 \end{pmatrix}$, $\eta_2 + \eta_3 = \begin{pmatrix} 0 \\ -1 \\ 1 \end{pmatrix}$, $\eta_3 + \eta_1 = \begin{pmatrix} 1 \\ 0 \\ -1 \end{pmatrix}$. 求此方程组的通解.

解 我们有 $\alpha_1 := \eta_1 - \eta_3 = \begin{pmatrix} 1 \\ 3 \\ 2 \end{pmatrix}$, $\alpha_2 := \eta_1 - \eta_2 = \begin{pmatrix} 1 \\ 1 \\ -2 \end{pmatrix}$. 显然, α_1, α_2 是线性无关的. 由 $2\eta_1 = (\eta_1 + \eta_3) + (\eta_1 - \eta_3) = \begin{pmatrix} 2 \\ 3 \\ 1 \end{pmatrix}$ 可知 $\eta_1 = \begin{pmatrix} 1 \\ \frac{3}{2} \\ \frac{1}{2} \end{pmatrix}$. 因此,

该方程组的通解是

$$\eta_1 + k_1\alpha_1 + k_2\alpha_2,$$

其中k_1, k_2 是任意常数. □

习题3.5

1. 当λ 取何值时, 下列方程组有解, 并求出解.

$$(1) \begin{cases} \lambda x_1 & + & x_2 & + & x_3 & = & 1 \\ x_1 & + & \lambda x_2 & + & x_3 & = & \lambda \\ x_1 & + & x_2 & + & \lambda x_3 & = & \lambda^2 \end{cases}$$

$$(2) \begin{cases} (\lambda+3)x_1 & + & x_2 & + & 2x_3 & = & \lambda \\ \lambda x_1 & + & (\lambda-1)x_2 & + & x_3 & = & 2\lambda \\ 3(\lambda+1)x_1 & + & \lambda x_2 & + & (\lambda+3)x_3 & = & 3 \end{cases}$$

$$(3) \begin{cases} -2x_1 & + & x_2 & + & x_3 & = & -2 \\ x_1 & - & 2x_2 & + & x_3 & = & \lambda \\ x_1 & + & x_2 & - & 2x_3 & = & \lambda^2 \end{cases}$$

2. 求下列齐次线性方程组的一个基础解系并且用它表示出其通解.

$$(1) \begin{cases} x_1 & - & 8x_2 & + & 10x_3 & + & 2x_4 & = & 0 \\ 2x_1 & + & 4x_2 & + & 5x_3 & - & x_4 & = & 0 \\ 3x_1 & + & 8x_2 & + & 6x_3 & - & 2x_4 & = & 0 \end{cases}$$

$$(2) \begin{cases} 2x_1 & - & 3x_2 & - & 2x_3 & + & x_4 & = & 0 \\ 3x_1 & + & 5x_2 & + & 4x_3 & - & 2x_4 & = & 0 \\ 8x_1 & + & 7x_2 & + & 6x_3 & - & 3x_4 & = & 0 \end{cases}$$

(3) $nx_1 + (n-1)x_2 + \cdots + 2x_{n-1} + x_n = 0$

3. 设 A 为 n 阶矩阵

$$A = \begin{pmatrix} a & b & b & \cdots & b \\ b & a & b & \cdots & b \\ \vdots & \vdots & \vdots & & \vdots \\ b & b & b & \cdots & a \end{pmatrix},$$

其中 $a \neq 0, b \neq 0, n \geqslant 2$. 试讨论: 当 a, b 是何值时, 方程组 $AX = 0$ 仅有零解、有无穷多组解? 在有无穷多组解时, 求出其全部解并用基础解系表示出来.

4. 已知下列线性方程组 I, II 具有相同的解, 求参数 m, n, t 的值.

$$\text{I}: \begin{cases} \lambda x_1 + x_2 & - 2x_4 = -6 \\ 4x_1 - x_2 - x_3 - x_4 = 1 \\ 3x_1 - x_2 - x_3 & = 3 \end{cases}$$

$$\text{II}. \begin{cases} x_1 - mx_2 - x_3 - x_4 = -5 \\ nx_2 - x_3 - 2x_4 = -11 \\ x_3 - 2x_4 = 1 - t \end{cases}$$

5. 设四元非齐次线性方程组的系数矩阵的秩是3. 再设 η_1, η_2, η_3 是它的3个解向量且满足

$$\eta_1 = \begin{pmatrix} 2 \\ 3 \\ 4 \\ 5 \end{pmatrix}, \quad \eta_2 + \eta_3 = \begin{pmatrix} 1 \\ 2 \\ 3 \\ 4 \end{pmatrix}.$$

求该方程组的通解.

6. 设 n 阶矩阵 A 满足 $A^2 = A + 2I_n$, 试证明

$$r(A + I_n) + r(A - 2I_n) = n.$$

7. 设 β 是 n 维列向量, 矩阵 A 与 $\begin{pmatrix} A & \beta \\ \beta^{\mathrm{T}} & 0 \end{pmatrix}$ 的秩相等. 试证明 $AX = \beta$ 有解.

8. 设三阶矩阵 $A = \begin{pmatrix} 1 & 2 & -2 \\ 4 & t & 3 \\ 3 & -1 & 1 \end{pmatrix}$ 且 B 为三阶非零矩阵. 如果 $AB = 0$,

   求 t 的值.

第四章 特征值与特征向量

矩阵的特征值在理论与工程技术中都有广泛应用. 本章将介绍其基本概念, 并且讨论它的一些应用.

§4.1 矩阵的相似

定义 4.1 设 $A, B \in M_n$ 是两个 n 阶矩阵, 如果存在可逆矩阵 P 使得 $B = P^{-1}AP$, 则称 A 与 B 是**相似**的, 记作 $A \sim B$.

从定义可以看出, 相似比等价的条件强; 但是反之是不成立的. 例如: $A = \begin{pmatrix} 1 & 0 \\ 0 & 1 \end{pmatrix}, B = \begin{pmatrix} 1 & 1 \\ 0 & 1 \end{pmatrix}.$

注 相似是一个等价关系. 事实上,

(1) (反身性) 由 $A = I_n^{-1}AI_n$ 可知 $A \sim A$.

(2) (对称性) 如果 $A \sim B$, 也就是存在可逆矩阵 P, 使得 $A = P^{-1}BP$, 则有 $B = PAP^{-1}$. 从而 $B \sim A$.

(3) (传递性) 如果 $A \sim B, B \sim C$, 则存在可逆矩阵 P_1 和 P_2, 使得 $A = P_1^{-1}BP_1$, $B = P_2^{-1}CP_2$, 则有

$$A = P_2^{-1}(P_1^{-1}AP_1)P_2 = (P_1P_2)^{-1}A(P_1P_2).$$

这就说明 $A \sim C$.

定理 4.1 如果存在可逆矩阵 P 使得 $B_1 = P^{-1}A_1P$ 且 $B_2 = P^{-1}A_2P$, 则

(1) 对任意的 $a, b \in \mathbb{K}$, 有 $aB_1 + bB_2 = P^{-1}(aA_1 + bA_2)P$.

(2) $B_1B_2 = P^{-1}(A_1A_2)P$.

(3) 对任意的$m \in \mathbb{N}$, 有$B_1^m = P^{-1}(A_1^m)P$.

证明 利用定义直接验证即可. □

注意, 定理4.1 的条件比 "$A_1 \sim B_1$且$A_2 \sim B_2$" 强.

定理 4.2   设$f(x)$是数域$\mathbb{K}$上的多项式并且$A \sim B$, 则有$f(A) \sim f(B)$.

证明 设$f(x) = \sum_{i=0}^{m} a_i x^i$以及$B = P^{-1}AP$, 其中$P$ 是可逆矩阵. 由

$$(P^{-1}AP)^2 = P^{-1}A(PP^{-1})AP = P^{-1}A^2P$$

可知: 对任意的自然数i, 有

$$(P^{-1}AP)^i = P^{-1}A^iP.$$

因此可以得出

$$
\begin{aligned}
f(B) &= \sum_{i=0}^{m} a_i B^i = \sum_{i=0}^{m} a_i P^{-1}A^iP \\
&= P^{-1}(\sum_{i=0}^{m} a_i A^i)P = P^{-1}f(A)P.
\end{aligned}
$$

□

定理 4.3   当$A \sim B$时, 有$|A| = |B|$.

证明 由条件可知存在可逆矩阵P, 使得$B = P^{-1}AP$, 则有

$$|B| = |P^{-1}AP| = |P|^{-1}|A||P| = |A|.$$

□

注   此定理的逆命题不成立. 事实上, 取$A = \begin{pmatrix} 1 & 1 \\ 2 & 2 \end{pmatrix}$以及$B = \begin{pmatrix} 2 & 0 \\ 0 & 0 \end{pmatrix}$即可验证.

推论.   如果$A \sim B$, 则A与B 或者都可逆或者都不可逆; 并且当A与B都可逆时, 有$A^{-1} \sim B^{-1}$.

定理 4.4 如果$A \sim B$, 则有$r(A) = r(B)$.

证明 由条件可知存在可逆矩阵P使得$B = P^{-1}AP$, 这说明A与B等价, 从而$r(A) = r(B)$. $\square$

此定理的逆命题不成立, 反例可见定理4.3后的注.

定理 4.5 如果$A \sim B$, 则有$\mathrm{tr}(A) = \mathrm{tr}(B)$.

证明 由条件可知存在可逆矩阵P使得$B = P^{-1}AP$, 则有

$$
\begin{aligned}
\mathrm{tr}(B) &= \mathrm{tr}(P^{-1}AP) \\
&= \mathrm{tr}(P^{-1}(AP)) = \mathrm{tr}((AP)P^{-1}) \\
&= \mathrm{tr}(A(PP^{-1})) = \mathrm{tr}(A).
\end{aligned}
$$

$\square$

定理 4.6 n 阶方阵A 相似于对角矩阵Λ 的充分必要条件是: 存在n 个线性无关的列向量$X_1, X_2, \cdots, X_n \in \mathbb{K}^n$ 以及n 个数$\lambda_1, \lambda_2, \cdots, \lambda_n \in \mathbb{K}$ (可能重复)使得

$$AX_i = \lambda_i X_i, \quad i = 1, 2, \cdots, n. \tag{4.1}$$

此时, 如果令n 阶矩阵$S = \begin{pmatrix} X_1 & X_2 & \cdots & X_n \end{pmatrix}$, 则有

$$S^{-1}AS = \Lambda := \mathrm{diag}(\lambda_1, \lambda_2, \cdots, \lambda_n).$$

证明 必要性. 如果$A \sim \Lambda = \mathrm{diag}(\lambda_1, \lambda_2, \cdots, \lambda_n)$, 则存在可逆矩阵$S$ 使得

$$S^{-1}AS = \mathrm{diag}(\lambda_1, \lambda_2, \cdots, \lambda_n),$$

也就是

$$AS = S \begin{pmatrix} \lambda_1 & & & \\ & \lambda_2 & & \\ & & \ddots & \\ & & & \lambda_n \end{pmatrix}$$

其中$\lambda_1, \lambda_2, \cdots, \lambda_n \in \mathbb{K}$.

记 $S = \begin{pmatrix} X_1 & X_2 & \cdots & X_n \end{pmatrix}$, 其中 $X_i \in \mathbb{K}^n$ $(i = 1, 2, \cdots, n)$. 则有

$$\begin{pmatrix} AX_1 & AX_2 & \cdots & AX_n \end{pmatrix} = \begin{pmatrix} \lambda_1 X_1 & \lambda_2 X_2 & \cdots & \lambda_n X_n \end{pmatrix}.$$

于是可以导出

$$AX_i = \lambda_i X_i \quad (i = 1, 2, \cdots, n).$$

因为 S 是可逆的, 所以 $X_1, X_2, \cdots, X_n$ 是 $\mathbb{K}^n$ 中的 n 个线性无关的列向量.

把上述过程反推过去就可以得到充分性的证明. □

如果一个 n 阶方阵 A 能够相似于对角矩阵 Λ, 则称 A 是**可对角化**的; 并且把对角矩阵 Λ 称为是 A 的**相似标准型**. 定理4.6 告诉我们: 寻找可逆矩阵 S 使得 $S^{-1}AS$ 是对角矩阵, 关键是找出满足公式(4.1) 的 n 个线性无关向量 $X_1, X_2, \cdots, X_n$.

例 4.1 已知3 阶矩阵 $A = \begin{pmatrix} 1 & -1 & 1 \\ 2 & 4 & -2 \\ -3 & -3 & 5 \end{pmatrix}$ 与 $B = \begin{pmatrix} 2 & 0 & 0 \\ 0 & 2 & 0 \\ 0 & 0 & y \end{pmatrix}$ 是相似的.

(1) 求 y 的值.

(2) 求可逆矩阵 P, 使得 $P^{-1}AP = B$.

解 (1) 由于相似矩阵的迹相等, 因此 $4 + y = 10$, 即有 $y = 6$.

(2) 解线性方程组 $(2I_3 - A)X = 0$, 求出其基础解系为

$$\begin{pmatrix} 1 \\ -1 \\ 0 \end{pmatrix}, \quad \begin{pmatrix} 1 \\ 1 \\ 2 \end{pmatrix};$$

解线性方程组 $(6I_3 - A)X = 0$, 得到其基础解系为

$$\begin{pmatrix} 1 \\ -2 \\ 3 \end{pmatrix}.$$

由定理4.6 可知$P = \begin{pmatrix} 1 & 1 & 1 \\ -1 & 1 & -2 \\ 0 & 2 & 3 \end{pmatrix}$. $\square$

习题4.1

1. 问: $A = \begin{pmatrix} 2 & 0 \\ 0 & 2 \end{pmatrix}$ 与 $\begin{pmatrix} 2 & 1 \\ 0 & 2 \end{pmatrix}$ 是否相似?

2. 设A 与B 相似且C 与D 相似, 试证明: $\begin{pmatrix} A & 0 \\ 0 & C \end{pmatrix}$ 与 $\begin{pmatrix} B & 0 \\ 0 & D \end{pmatrix}$ 是相似的.

3. 已知$A = \begin{pmatrix} 2 & 0 & 0 \\ 0 & 0 & 1 \\ 0 & 1 & x \end{pmatrix}$ 与 $B = \begin{pmatrix} 2 & 0 & 0 \\ 0 & y & 0 \\ 0 & 0 & -1 \end{pmatrix}$ 相似,

   (1) 求x 和y;

   (2) 求可逆矩阵P, 使得$P^{-1}AP$ 为对角矩阵.

4. 设A, B 是n 阶矩阵且A 是可逆矩阵, 试证明AB 与BA 是相似的.

§4.2 矩阵的特征值与特征向量

定义 4.2   设$A \in M_n$ 以及$\lambda_0 \in \mathbb{K}$. 如果存在非零向量$X_0 \in \mathbb{K}^n$使得

$$AX_0 = \lambda_0 X_0,$$

则称λ_0是矩阵A的**特征值**, 而X_0是A的属于λ_0的**特征向量**.

对于一般的矩阵A, 如何判断其是否有特征值和特征向量; 如果有的话, 怎么求? 下面的定理就将回答这一问题.

定理 4.7   设$A = (a_{ij})_{n \times n} \in M_n$ 以及$\lambda_0 \in \mathbb{K}$. 令

$$W_{\lambda_0}(A) = \{X \in \mathbb{K}^n : AX = \lambda_0 X\}, \tag{4.2}$$

则 $W_{\lambda_0}(A)$ 是 $\mathbb{K}^n$ 的子空间, 且下面三个条件是等价的:

(1) λ_0 是 A 的特征值;

(2) $W_{\lambda_0}(A) \neq \{0\}$ 或者 $\dim W_{\lambda_0}(A) > 0$;

(3) $|\lambda_0 I_n - A| = 0$.

证明 首先证明: $W_{\lambda_0}(A)$ 是 $\mathbb{K}^n$ 的子空间. 事实上, $0 \in W_{\lambda_0}(A)$. 又对任意的 $X, Y \in W_{\lambda_0}(A)$ 以及 $a \in \mathbb{K}$, 由

$$A(aX + Y) = aAX + AY = a\lambda_0 X + \lambda_0 Y = \lambda_0(aX + Y)$$

可知 $aX + Y \in W_{\lambda_0}(A)$. 故 $W_{\lambda_0}(A)$ 是 $\mathbb{K}^n$ 的子空间.

其次来证明三个条件是等价的. 由定义4.2可知(1)⇒(2) 是成立的.

(2)⇒(3): 如果 $W_{\lambda_0}(A) \neq \{0\}$, 则存在 $0 \neq X_0 \in W_{\lambda_0}(A)$ 使得 $AX_0 = \lambda_0 X_0$, 也就是

$$(\lambda_0 I_n - A)X_0 = 0. \tag{4.3}$$

注意到 $X_0 \neq 0$, 故齐次线性方程组 $(\lambda_0 I_n - A)X = 0$ 有非零解, 从而其系数矩阵的行列式为零, 即 $|\lambda_0 I_n - A| = 0$.

(3)⇒(1): 由 $|\lambda_0 I_n - A| = 0$ 可知: 齐次线性方程组

$$(\lambda_0 I_n - A)X = 0$$

有非零解 X_1, 即

$$AX_1 = \lambda_0 X_1.$$

这就说明, λ_0 是 A 的特征值, X_1 是关于 λ_0 的特征向量. □

注 在定理4.7中, 称子空间 $W_{\lambda_0}(A)$ 为 A 的属于 λ_0 的**特征子空间**; 它是齐次线性方程组 $(\lambda_0 I_n - A)X = 0$ 的解空间. 值得注意的是: 它的每个非零向量是 A 的属于 λ_0 的特征向量, 但是零向量不是特征向量.

定义 4.3   设 $A = (a_{ij})_{n \times n}$ 是 n 阶矩阵而 $\lambda \in \mathbb{K}$, 我们称行列式

$$f_A(\lambda) := |\lambda I_n - A| = \begin{vmatrix} \lambda - a_{11} & -a_{12} & \cdots & -a_{1n} \\ -a_{21} & \lambda - a_{22} & \cdots & -a_{2n} \\ \vdots & \vdots & & \vdots \\ -a_{n1} & -a_{n2} & \cdots & \lambda - a_{nn} \end{vmatrix} \tag{4.4}$$

为 A 的**特征多项式**.

注   特征多项式的根即是 A 的特征值. 更进一步地, 如果 λ_0 是 A 的特征值, 则齐次线性方程组

$$(\lambda_0 I_n - A)X = 0 \tag{4.5}$$

的非零解为 A 的属于 λ_0 的特征向量.

综上可知, 求 n 阶方阵 A 的特征值与特征向量的步骤为:

(1) 计算 A 的特征多项式 $f_A(\lambda) = |\lambda I_n - A|$.

(2) 判断多项式 $f_A(\lambda)$ 在数域 $\mathbb{K}$ 上是否有根. 如果 $f_A(\lambda)$ 在 $\mathbb{K}$ 上没有根, 则 A 没有特征值, 因而 A 也没有特征向量; 如果 $f_A(\lambda)$ 在 $\mathbb{K}$ 中有根 $\lambda_1, \lambda_2, \cdots, \lambda_s$, 则它在 $\mathbb{K}$ 中的全部根就是 A 的全部特征值.

(3) 对任意的 $1 \leqslant i \leqslant s$, 构造齐次线性方程组

$$(\lambda_i I_n - A)X = 0.$$

求出其解空间

$$W_{\lambda_i}(A) := L(X_{i1}, X_{i2}, \cdots, X_{ir_i}),$$

这里 $X_{i1}, X_{i2}, \cdots, X_{ir_i}$ 是 W_{λ_i} 的一组基础解系. 于是 A 的属于 λ_i 的全部特征向量是

$$a_{i1}X_{i1} + a_{i2}X_{i2} + \cdots + a_{ir_i}X_{ir_i},$$

其中 $a_{i1}, a_{i2}, \cdots, a_{ir_i}$ 是数域 $\mathbb{K}$ 中不全为零的数.

例 4.2 设矩阵 A 为

$$A = \begin{pmatrix} 2 & -2 & 2 \\ -2 & -1 & 4 \\ 2 & 4 & -1 \end{pmatrix}.$$

求 A 的全部特征值和特征向量.

解 矩阵 A 的特征多项式为

$$|\lambda I_3 - A| = \begin{vmatrix} \lambda - 2 & -2 & -2 \\ 2 & \lambda + 1 & -4 \\ -2 & -4 & \lambda + 1 \end{vmatrix}$$

$$= (\lambda - 3)^2(\lambda + 6),$$

所以 A 的特征值是 $\lambda_1 = -6$, $\lambda_2 = 3$ (二重根).

对于 $\lambda_1 = -6$, 解齐次线性方程组 $(-6I_3 - A)X = 0$. 由

$$-6I_3 - A = \begin{pmatrix} -8 & 2 & -2 \\ 2 & -5 & -4 \\ -2 & -4 & -5 \end{pmatrix} \xrightarrow{\text{初等行变换}} \begin{pmatrix} 1 & 0 & \frac{1}{2} \\ 0 & 1 & 1 \\ 0 & 0 & 0 \end{pmatrix}$$

可知 $(-6I_3 - A)X = 0$ 的同解方程为

$$\begin{cases} x_1 & + & \frac{1}{2}x_3 & = & 0 \\ & x_2 & + & x_3 & = & 0 \end{cases}$$

因此 $(-6I_3 - A)X = 0$ 的基础解系为 $X_1 = \begin{pmatrix} 1 \\ 2 \\ -2 \end{pmatrix}$, 从而 A 的属于 $\lambda_1 = -6$ 的特征向量是

$$aX_1 = a_1 \begin{pmatrix} 1 \\ 2 \\ -2 \end{pmatrix}, \quad \forall a_1 \in \mathbb{R} \setminus \{0\}.$$

对于$\lambda_2 = 3$, 解齐次线性方程组$(3I_3 - A)X = 0.$ 由

$$3I_3 - A = \begin{pmatrix} 1 & 2 & -2 \\ 2 & 4 & -4 \\ -2 & -4 & 4 \end{pmatrix} \xrightarrow{\text{初等行变换}} \begin{pmatrix} 1 & 2 & -2 \\ 0 & 0 & 0 \\ 0 & 0 & 0 \end{pmatrix}$$

可知则该方程的一般解为$x_1 = -2x_2 + 2x_3$, 于是其基础解系是

$$X_2 = \begin{pmatrix} -2 \\ 1 \\ 0 \end{pmatrix}, \quad X_2 = \begin{pmatrix} 2 \\ 0 \\ 1 \end{pmatrix}.$$

因此A 的属于$\lambda_2 = 3$ 的特征向量是$a_2 \begin{pmatrix} -2 \\ 1 \\ 0 \end{pmatrix} + a_3 \begin{pmatrix} 2 \\ 0 \\ 1 \end{pmatrix}$ (其中$a_2, a_3 \in \mathbb{R}$

且a_2, a_3 不全为零).   □

例 4.3 设n 阶上三角实矩阵

$$J_0 = \begin{pmatrix} \lambda_0 & 1 & 0 & & \\ & \lambda_0 & 1 & \ddots & \\ & & \ddots & \ddots & \\ & & & \lambda_0 & 1 \\ & & & & \lambda_0 \end{pmatrix},$$

求J_0 的特征值和特征向量.

解 J_0 的特征多项式为

$$|\lambda I_n - J_0| = \begin{vmatrix} \lambda - \lambda_0 & -1 & 0 & & \\ & \lambda - \lambda_0 & -1 & \ddots & \\ & & \ddots & \ddots & \\ & & & \lambda - \lambda_0 & -1 \\ & & & & \lambda - \lambda_0 \end{vmatrix} = (\lambda - \lambda_0)^n.$$

因而矩阵J_0 只有一个特征值$\lambda = \lambda_0$ (n 重特征值).

对于$\lambda = \lambda_0$, 解齐次线性方程组$(\lambda_0 I_n - J_0)X = 0$. 由

$$\lambda_0 I_n - J_0 = \begin{pmatrix} 0 & -1 & 0 & & \\ & 0 & -1 & \ddots & \\ & & \ddots & \ddots & \\ & & & 0 & -1 \\ & & & & 0 \end{pmatrix} \xrightarrow{\text{初等行变换}} \begin{pmatrix} 0 & 1 & 0 & & \\ & 0 & 1 & \ddots & \\ & & \ddots & \ddots & \\ & & & 0 & 1 \\ & & & & 0 \end{pmatrix}$$

可知: 其同解方程为

$$\begin{cases} x_2 = 0, \\ \quad\vdots \\ x_n = 0. \end{cases}$$

从而$(\lambda_0 I_n - J_0)X = 0$ 的基础解系是$X_0 = \begin{pmatrix} 1 \\ 0 \\ \vdots \\ 0 \end{pmatrix}$. 综上可知, J_0 的n 重特征

值λ_0 所对应的特征向量是$aX_0 = \begin{pmatrix} a \\ 0 \\ \vdots \\ 0 \end{pmatrix}$ $(\forall a \in \mathbb{R}, a \neq 0)$. $\square$

定理 4.8 相似矩阵有相同的特征多项式, 从而有相同的特征值.

证明 设A 是n 阶方阵. 如果S 是可逆的n 阶方阵, 则有

$$\begin{aligned} |\lambda I_n - S^{-1}AS| &= |S^{-1}(\lambda I_n - A)S| \\ &= |S^{-1}| \cdot |\lambda I_n - A| \cdot |S| = |\lambda I_n - A|. \end{aligned}$$

此即证明了所求结论. $\square$

例 4.4 设

$$A = I_2 = \begin{pmatrix} 1 & 0 \\ 0 & 1 \end{pmatrix}, \quad B = \begin{pmatrix} 1 & 1 \\ 0 & 1 \end{pmatrix},$$

则有

$$|\lambda I_2 - A| = |\lambda I_2 - B| = (\lambda - 1)^2.$$

因此 A 与 B 有相同的特征多项式以及相同的特征值; 但是 A 与 B 是不相似的.
事实上, 对于任意的可逆矩阵 $S \in M_2$, 有

$$S^{-1}AS = S^{-1}I_2S = I_2 \neq B.$$

这说明定理4.8的逆命题是不成立的.

定理 4.9   设 $A = (a_{ij})_{n \times n} \in M_n$ 是 n 阶方阵且 A 的特征值是 $\lambda_1, \lambda_2, \cdots, \lambda_n \in \mathbb{C}$ (可以重复出现), 则有

(1) 特征多项式为

$$
\begin{aligned}
f_A(\lambda) &= |\lambda I_n - A| = \begin{vmatrix} \lambda - a_{11} & -a_{12} & \cdots & -a_{1n} \\ -a_{21} & \lambda - a_{22} & \cdots & -a_{2n} \\ \vdots & \vdots & & \vdots \\ -a_{n1} & -a_{n2} & \cdots & \lambda - a_{nn} \end{vmatrix} \\
&= \lambda^n - (a_{11} + a_{22} + \cdots + a_{nn})\lambda^{n-1} + \cdots + (-1)^n|A|.
\end{aligned}
$$

(2) 特征值有如下的关系

$$\sum_{i=1}^{n} \lambda_i = \sum_{i=1}^{n} a_{ii} = \mathrm{tr}(A), \quad \lambda_1 \lambda_2 \cdots \lambda_n = |A|.$$

证明   直接展开, 再由根与系数的关系直接可以证得.   □

推论   设 A 为 n 阶方阵, 则 $|A| = 0$ 当且仅当 0 是 A 的特征值.

定理 4.10   设 A 为 n 阶方阵, 则 A 与 A^{T} 有相同的特征值.

证明   由

$$|\lambda I_n - A^{\mathrm{T}}| = |(\lambda I_n - A)^{\mathrm{T}}| = |\lambda I_n - A|$$

可知: A 与 A^{T} 有相同的特征多项式, 从而其有相同的特征值.   □

定理 4.11   设 A, B 为 n 阶方阵, 则 AB 与 BA 有相同的特征值.

证明 设λ_0是AB的一个特征值, 相对应的特征向量是X_0, 则有

$$(AB)X_0 = \lambda_0 X_0. \tag{4.6}$$

两边同时左乘B得到

$$(BA)(BX_0) = \lambda_0(BX_0). \tag{4.7}$$

如果$BX_0 \neq 0$, 则说明λ_0是BA的一个特征值, 而BX_0是BA的属于λ_0的特征向量. 如果$BX_0 = 0$, 则由式(4.6)可知

$$\lambda_0 X_0 = A(BX_0) = 0.$$

由于$X_0 \neq 0$, 故有$\lambda_0 = 0$, 此即说明AB有特征值0. 因此, 利用定理4.9后的推论可得$|AB| = 0$, 进而有$|BA| = |AB| = 0$, 这就说明BA也有特征值0.

同时的方法可以验证: BA的任意一个特征值也是AB的特征值. $\quad\square$

由上述定理同样可知: $\mathrm{tr}(AB) = \mathrm{tr}(BA)$.

例 4.5 设A, B为n阶方阵且S是n阶可逆矩阵满足$S^{-1}AS = B$. 设X_0是A的关于λ_0的特征向量. 试证明: $Y_0 = S^{-1}X_0$必为B的关于λ_0的特征向量.

证明 由$AX_0 = \lambda_0 X_0$以及$A = SBS^{-1}$可知$SBS^{-1}X_0 = \lambda_0 X_0$, 因此就有

$$B(S^{-1}X_0) = \lambda_0(S^{-1}X_0).$$

故$Y_0 = S^{-1}X_0 \neq 0$是B的关于λ_0的特征向量. $\quad\square$

定理 4.12 设A为数域$\mathbb{K}$上的n阶方阵, λ_0是A的特征值, X_0是A的属于λ_0的特征向量. 则有

(1) $a\lambda_0, \lambda_0^m$分别是aA和A^m的特征值, 且X_0是相应的特征向量. 其中, $a \in \mathbb{K}, m \in \mathbb{N}$.

(2) 如果$f(x) = a_0 + a_1 x + a_2 x^2 + \cdots + a_m x^m \in \mathbb{K}[x]$, 则$f(\lambda_0)$是$A$的多项式

$$f(A) = a_0 I_n + a_a A + a_2 A^2 + \cdots + a_m A^m$$

的特征值, 且X_0是A和$f(A)$的公共特征向量.

证明　由 $AX_0 = \lambda_0 X_0$ (其中 $X_0 \neq 0$) 可知

$$(aA)X_0 = a(AX_0) = (a\lambda_0)X_0$$

以及

$$A^2 X_0 = A(AX_0) = A(\lambda_0 X_0) = \lambda_0(AX_0) = \lambda_0^2 X_0.$$

故由数学归纳法可得: 对任意的 $m \in \mathbb{N}$, 均有 $A^m X_0 = \lambda_0^m X_0$. 进而可以证明出 (2).   □

定理 4.13　设 A 为 n 阶可逆方阵, 则

(1) A 的特征值均不为零.

(2) 如果 λ_0 是 A 的特征值, 则 λ_0^{-1} 是 A^{-1} 的特征值.

(3) 如果 X_0 是 A 的属于 λ_0 的特征向量, 则 X_0 也是 A^{-1} 的特征向量. 反之也成立, 故有 $W_{\lambda_0}(A) = W_{\lambda_0^{-1}}(A^{-1})$.

证明　由定理 4.9 后的推论可知: A 的特征值均不为零.

如果 λ_0 是 A 的特征值且 $X_0 \neq 0$ 是属于 λ_0 的特征向量, 也就是 $AX_0 = \lambda_0 X_0$, 因而就有

$$X_0 = (A^{-1}A)X_0 = A^{-1}(AX_0) = A^{-1}(\lambda_0 X_0) = \lambda_0 A^{-1} X_0.$$

因此可以导出

$$A^{-1}X_0 = \lambda_0^{-1}X_0,$$

故 X_0 是 A^{-1} 的属于 λ_0^{-1} 的特征向量.   □

例 4.6　设 $A = (a_{ij})_{n \times n}$ 是 n 阶复矩阵, 对任意的 $1 \leqslant i, j \leqslant n$, 令 $s_i = \sum_{j=1}^{n} |a_{ij}|$, $t_j = \sum_{i=1}^{n} |a_{ij}|$. 设 λ 是 A 的特征值, 证明:

$$|\lambda| \leqslant \min\{\max_{1 \leqslant i \leqslant n} s_i, \max_{1 \leqslant j \leqslant n} t_j\}.$$

证明 设 $\begin{pmatrix} b_1 \\ \vdots \\ b_n \end{pmatrix}$ 是 A 的属于 λ 的特征向量, 也就有

$$A \begin{pmatrix} b_1 \\ \vdots \\ b_n \end{pmatrix} = \lambda \begin{pmatrix} b_1 \\ \vdots \\ b_n \end{pmatrix}.$$

令 $|b_{i_0}| = \max\limits_{1 \leqslant i \leqslant n} |b_i|$, 则有

$$a_{i_0 1} b_1 + \cdots + a_{i_0 n} b_n = \lambda b_{i_0},$$

从而得出

$$|\lambda b_{i_0}| \leqslant \sum_{j=1}^{n} |a_{i_0 j} b_j| \leqslant |b_{i_0}| s_{i_0}.$$

注意到 $b_{i_0} \neq 0$, 我们可以导出

$$|\lambda| \leqslant s_{i_0} \leqslant \max_{1 \leqslant i \leqslant n} s_i.$$

又由于 A 与 A^{T} 的特征值相同, 故 λ 也是 A^{T} 的特征值. 所以, 同样的方法可以证明 $|\lambda| \leqslant \max\limits_{1 \leqslant j \leqslant n} t_j$. □

定理 4.14 设 A 为 n 阶方阵, λ_1, λ_2 是 A 的不同特征值并且 $X_1, X_2, \cdots$, X_s 是 A 的属于 λ_1 的线性无关的特征向量, $Y_1, Y_2, \cdots, Y_t$ 是 A 的属于 λ_2 的线性无关的特征向量. 则向量组

$$X_1, X_2, \cdots, X_s, Y_1, Y_2, \cdots, Y_t$$

是线性无关的.

证明 设

$$k_1 X_1 + k_2 X_2 + \cdots + k_s X_s + l_1 Y_1 + l_2 Y_2 + \cdots + l_t Y_t = 0, \tag{4.8}$$

则有

$$k_1 A X_1 + k_2 A X_2 + \cdots + k_s A X_s + l_1 A Y_1 + l_2 A Y_2 + \cdots + l_t A Y_t = 0,$$

从而可以导出

$$k_1\lambda_1 X_1 + k_2\lambda_1 X_2 + \cdots + k_s\lambda_1 X_s + l_1\lambda_2 Y_1 + l_2\lambda_2 Y_2 + \cdots + l_t\lambda_2 Y_t = 0.$$

在(4.8) 两边同时乘以λ_2 可得

$$k_1\lambda_2 X_1 + k_2\lambda_2 X_2 + \cdots + k_s\lambda_2 X_s + l_1\lambda_2 Y_1 + l_2\lambda_2 Y_2 + \cdots + l_t\lambda_2 Y_t = 0.$$

因此就有

$$k_1(\lambda_1 - \lambda_2)X_1 + k_2(\lambda_1 - \lambda_2)X_2 + \cdots + k_s(\lambda_1 - \lambda_2)X_s = 0.$$

由$X_1, X_2, \cdots, X_s$ 线性无关以及$\lambda_1 - \lambda_2 \neq 0$ 可知$k_1 = k_2 = \cdots = k_s = 0$.

再利用式(4.8) 以及$Y_1, Y_2, \cdots, Y_t$ 的线性无关性可知$l_1 = l_2 = \cdots = l_t = 0$. 这样就证明了$X_1, X_2, \cdots, X_s, Y_1, Y_2, \cdots, Y_t$ 是线性无关的. $\square$

注 上述定理说明: 属于不同特征值的特征向量是线性无关的.

利用数学归纳法可以得到下面的定理:

定理 4.15 设$\lambda_1, \lambda_2, \cdots, \lambda_m$ 是数域$\mathbb{K}$ 上的n 阶方阵的不同特征值, 且$X_{i1}, X_{i2}, \cdots, X_{ir_i}$ 是属于λ_i 的线性无关的特征向量$(i = 1, 2, \cdots, m)$. 则向量组

$$X_{11}, X_{12}, \cdots, X_{1r_1}, \cdots, X_{m1}, X_{m2}, \cdots, X_{mr_m}$$

是线性无关的.

例 4.7 设n 阶方阵A 满足$A^2 = I_n$ (此时称A 是**对合**的), 试证明A 的特征值只能是±1.

证明 设λ 是A 的特征值, 相应的特征向量是$X \neq 0$, 则有$AX = \lambda X$. 两边同时乘以A, 由$A^2 = I_n$ 可知

$$X = A^2 X = A(AX) = \lambda^2 X,$$

也就是$(\lambda^2 - 1)X = 0$. 由$X \neq 0$ 可以得到$\lambda^2 - 1 = 0$, 从而有$\lambda = \pm1$. $\square$

例 4.8 设n 阶方阵A 的特征值为$0, 1, 2, \cdots, n-1$. 试证明: $A + 2I_n$ 是可逆矩阵.

证明 $A + 2I_n$ 是 A 的矩阵多项式, 则 $A + 2I_n$ 的特征值是

$$0 + 2, 1 + 2, \cdots, (n-1) + 2,$$

从而可以知道

$$|A + 2I_n| = \prod_{i=2}^{n+1} i = (n+1)! \neq 0.$$

因此, $A + 2I_n$ 是可逆矩阵. □

例 4.9 设实矩阵 A 与 B 相似, 其中

$$A = \begin{pmatrix} -2 & 0 & 0 \\ 2 & x & 2 \\ 3 & 1 & 1 \end{pmatrix}, \quad B = \begin{pmatrix} -1 & 0 & 0 \\ 0 & 2 & 0 \\ 0 & 0 & y \end{pmatrix}.$$

求 x, y 的值.

解 由 $A \sim B$ 可知 $\text{tr}(A) = \text{tr}(B)$ 且 $|A| = |B|$, 也就是

$$\begin{cases} -2 + x + 1 &= -1 + 2 + y, \\ -2(x-2) &= -2y. \end{cases}$$

化简得到方程

$$x - y = 2.$$

又因为 -1 是 B 的特征值, 从而 -1 也是 A 的特征值. 由

$$|-I_3 - A| = \begin{vmatrix} 1 & 0 & 0 \\ -2 & -1-x & -2 \\ -3 & -1 & -2 \end{vmatrix} = 0$$

可知 $x = 0$, 进而有 $y = -2$. □

例 4.10 设 A, B, C 是 n 阶复方阵且满足 $AC = CA, BC = CB$ 且 $C = AB - BA$. 证明 C 的特征值是 0, 进而有 $C^n = 0$.

证明 对任意的正整数 m, 有

$$C^m = C^{m-1}(AB - BA) = A(C^{m-1}B) - (C^{m-1}B)A.$$

因此, $\operatorname{tr}(C^m) = 0$. 如果 C 有非零特征值, 设所有两两不同的非零特征值是 $\lambda_1, \cdots, \lambda_r$, 其重数分别是 $k_1, \cdots, k_r$. 因此, $\lambda_1^m, \cdots, \lambda_r^m$ 是 C^m 的所有两两不同的非零特征值, 其重数分别是 $k_1, \cdots, k_m$. 由 $\operatorname{tr}(C^m) = 0$ 可以得出

$$
\begin{cases}
k_1\lambda_1 + \cdots + k_r\lambda_r = 0, \\
k_1\lambda_1^2 + \cdots + k_r\lambda_r^2 = 0, \\
\qquad\qquad \vdots \\
k_1\lambda_1^r + \cdots + k_r\lambda_r^r = 0.
\end{cases}
$$

因而 $k_1 = \cdots = k_r = 0$, 这是不可能的. $\square$

习题4.2

1. 已知矩阵 $A = \begin{pmatrix} 0 & -2 & -2 \\ 2 & -4 & -2 \\ -2 & 2 & 0 \end{pmatrix}$, 求 A 的特征值和特征向量.

2. 已知 $\alpha = \begin{pmatrix} a_1 \\ a_2 \\ \vdots \\ a_n \end{pmatrix}, \beta = \begin{pmatrix} b_1 \\ b_2 \\ \vdots \\ b_n \end{pmatrix}$ 是两个 n 维向量且

$$
\alpha^{\mathrm{T}}\beta = a_1b_1 + a_2b_2 + \cdots + a_nb_n = \lambda_0.
$$

求矩阵 $A = \alpha\beta^{\mathrm{T}}$ 的特征值.

3. 设 n 阶矩阵 A 的元素均是 1, 求出 A 的所有的 n 个特征值.

4. 已知向量 $\alpha = \begin{pmatrix} 1 \\ 1 \\ -1 \end{pmatrix}$ 是矩阵 $A = \begin{pmatrix} 2 & -1 & 2 \\ 5 & a & 3 \\ -1 & b & -2 \end{pmatrix}$ 的一个特征向量. 求参数 a, b 以及特征向量 α 所对应的特征值.

5. 设 $B = P^{-1}AP$ 且 X_0 是矩阵 A 属于特征值 λ_0 的特征向量. 试证明: $P^{-1}X_0$ 是矩阵 B 的对应其特征值 λ_0 的特征向量.

6. 设 $A \in M_{m \times n}, B \in M_{n \times m}$ 且 $0 \ne \lambda$ 是 m 阶矩阵 AB 的特征值. 试证明: λ 是 n 阶矩阵 BA 的特征值.

7. 设 n 阶矩阵 A, B 满足 $r(A) + r(B) < n$, 试证明: A 与 B 有共同的特征值且有公共的特征向量.

§4.3 矩阵的对角化

定理 4.16 设 A 是数域 $\mathbb{K}$ 上的一个 n 阶方阵, 则下面三条是等价的:

(1) A 与一个对角矩阵相似;

(2) A 有 n 个线性无关的特征向量;

(3) A 的每个特征值 λ_i 都在 $\mathbb{K}$ 内且 $\dim W_{\lambda_i}(A) = k_i$, 也就是

$$n - r(\lambda_i I_n - A) = k_i,$$

其中 k_i 是 λ_i 的重数 $(i = 1, 2, \cdots, m)$ 且有 $k_1 + k_2 + \cdots + k_m = n$.

证明 由定理 4.6 可知 (1) 与 (2) 是等价的.

(2)$\Rightarrow$(3). 设 $\lambda_1, \lambda_2, \cdots, \lambda_m$ 是互不相同的特征值而 $X_1, X_2, \cdots, X_n$ 是 A 的 n 个线性无关的特征向量, 将其按照所属的特征值进行重新排列, 并且记为

$$S = (X_{11}, \cdots, X_{1k_1}, X_{21}, \cdots, X_{2k_2}, \cdots, X_{m1}, \cdots, X_{mk_m}), \tag{4.9}$$

则 S 是 n 阶可逆矩阵, 其中特征向量 $X_{i1}, \cdots, X_{ik_i}$ 是关于特征值 λ_i 的齐次线性方程组 $(\lambda_i I_n - A)X = 0$ 的基础解系 $(i = 1, 2, \cdots, m)$. 于是就有

$$S^{-1}AS = \operatorname{diag}(\underbrace{\lambda_1, \cdots, \lambda_1}_{k_1}, \underbrace{\lambda_2, \cdots, \lambda_2}_{k_2}, \cdots, \underbrace{\lambda_m, \cdots, \lambda_m}_{k_m}), \tag{4.10}$$

其中 k_i 为特征值 λ_i 的重数. 显然 $k_1 + k_2 + \cdots + k_m = n$ 且对于每一个 $1 \leqslant i \leqslant m$, 都有

$$n - r(\lambda_i I_n - A) = n - r(\lambda_i I_n - S^{-1}AS) = k_i.$$

(3)⇒(2). 如果A的每一个特征值λ_i都在数域$\mathbb{K}$中, 设λ_i的重数是k_i $(i = 1, 2, \cdots, m)$, 则有$k_1 + k_2 + \cdots + k_m = n$. 对任意的$1 \leqslant i \leqslant m$, 由

$$n - r(\lambda_i I_n - A) = k_i$$

可知, 相应的齐次线性方程组

$$(\lambda_i I_n - A)X = 0$$

的基础解系含有A的属于λ_i的k_i个线性无关的特征向量, 记为$X_{i1}, X_{i2}, \cdots, X_{ik_i}$. 因此由定理4.15可知, 向量组

$$X_{11}, X_{12}, \cdots, X_{1k_1}, X_{21}, X_{22}, \cdots, X_{2k_2}, \cdots, X_{m1}, X_{m2}, \cdots, X_{mk_m}$$

是线性无关的. 这就说明A有n个线性无关的特征向量.　　□

推论　　如果n阶方阵在数域$\mathbb{K}$上有n个互不相同的特征值, 则A可以对角化.

例 4.11　设3阶矩阵A的特征值是$1, 2, 3$, 求$|A^3 - 5A^2 + 7A|$.

解　令$\varphi(\lambda) = \lambda^3 - 5\lambda^2 + 7\lambda$, 由条件可知: $\varphi(1) = 3, \varphi(2) = 2, \varphi(3) = 3$是

$$\varphi(A) = A^3 - 5A^2 + 7A$$

的特征值. 又由于$\varphi(A)$是3阶矩阵, 故$\varphi(1), \varphi(2), \varphi(3)$是$\varphi(A)$的全部特征值. 因此可以得到

$$|\varphi(A)| = \varphi(1)\varphi(2)\varphi(3) = 18.$$

□

例 4.12　设实矩阵$A = \begin{pmatrix} 2 & -2 & 2 \\ -2 & -1 & 4 \\ 2 & 4 & -1 \end{pmatrix}$.

(1) 判定A可以对角化, 并且求可逆矩阵$S \in M_3$使得$S^{-1}AS$为对角矩阵;

(2) 求A^k.

解 (1) 由

$$|\lambda I_3 - A| = \begin{vmatrix} \lambda - 2 & 2 & -2 \\ 2 & \lambda + 1 & -4 \\ -2 & -4 & \lambda + 1 \end{vmatrix} = 0$$

可知, A 的特征值为$\lambda_1 = -6, \lambda_2 = 3$ (二重根).

对于$\lambda_1 = -6$, 齐次线性方程组$(-6I_3 - A)X = 0$ 的基础解系是 $\begin{pmatrix} 1 \\ 2 \\ -2 \end{pmatrix}$.

对于$\lambda_2 = 3$, 齐次线性方程组$(3I_3 - A)X = 0$ 的基础解系是 $\begin{pmatrix} -2 \\ 1 \\ 0 \end{pmatrix}$, $\begin{pmatrix} 2 \\ 0 \\ 1 \end{pmatrix}$.

于是, 3 阶方阵有三个线性无关的特征向量, 从而A 可以对角化. 取

$$S = \begin{pmatrix} 1 & -2 & 2 \\ 2 & 1 & 0 \\ -2 & 0 & 1 \end{pmatrix},$$

则有

$$S^{-1}AS = \begin{pmatrix} -6 & & \\ & 3 & \\ & & 3 \end{pmatrix}.$$

(2) 由$S^{-1}AS = \Lambda := \begin{pmatrix} -6 & & \\ & 3 & \\ & & 3 \end{pmatrix}$ 可知$A = S\Lambda S^{-1}$, 从而

$$A^2 = (S\Lambda S^{-1})(S\Lambda S^{-1}) = S\Lambda^2 S^{-1}.$$

因此, 对任意的自然数$k \in \mathbb{N}$, 可以导出

$$\begin{aligned} A^k &= S\Lambda^k S^{-1} \\ &= \begin{pmatrix} 1 & -2 & 2 \\ 2 & 1 & 0 \\ -2 & 0 & 1 \end{pmatrix} \begin{pmatrix} (-6)^k & & \\ & 3^k & \\ & & 3^k \end{pmatrix} \begin{pmatrix} 1 & -2 & 2 \\ 2 & 1 & 0 \\ -2 & 0 & 1 \end{pmatrix}^{-1} \end{aligned}$$

$$
= \frac{3^k}{9} \begin{pmatrix} 1 & -2 & 2 \\ 2 & 1 & 0 \\ -2 & 0 & 1 \end{pmatrix} \begin{pmatrix} (-2)^k & & \\ & 1 & \\ & & 1 \end{pmatrix} \begin{pmatrix} 1 & 2 & -2 \\ -2 & 5 & 4 \\ 2 & 4 & 5 \end{pmatrix}
$$

$$
= 3^{k-2} \begin{pmatrix} -(-2)^k + 8 & 2(-2)^k - 2 & 2(-2)^k + 2 \\ 2(-2)^k - 2 & 4(-2)^k + 5 & -4(-2)^k + 4 \\ -2(-2)^k - 2 & -4(-2)^k + 4 & 4(-2)^k + 5 \end{pmatrix}.
$$

□

注意, 矩阵的对角化与数域有关. 例如: 设 $A = \begin{pmatrix} 3 & 0 & 0 \\ 0 & 2 & -5 \\ 0 & 1 & -2 \end{pmatrix}$, 它的特征
多项式是

$$
|\lambda I_3 - A| = \begin{vmatrix} \lambda - 3 & 0 & 0 \\ 0 & \lambda - 2 & 5 \\ 0 & -1 & \lambda + 2 \end{vmatrix} = (\lambda - 3)(\lambda^2 + 1).
$$

如果 A 是实数域 $\mathbb{R}$ 上的矩阵, 此时 A 只有一个实特征值 3 (且重数为 1), 所以 A 在实数域 $\mathbb{R}$ 内不能对角化. 如果 A 是复数域 $\mathbb{C}$ 上的矩阵, 此时有 3 个互不相等的特征值 $3, i, -i$. 因此, 存在可逆矩阵 $S \in M_3(\mathbb{C})$, 使得

$$
S^{-1}AS = \begin{pmatrix} 3 & 0 & 0 \\ 0 & i & 0 \\ 0 & 0 & -i \end{pmatrix}
$$

也就是: A 在复数域 $\mathbb{C}$ 内可以对角化.

例 4.13　已知 3 阶方阵 A 的 3 个特征值是 $1, 1, 2$, 相应的特征向量是

$$
X_1 = \begin{pmatrix} 1 \\ 2 \\ 1 \end{pmatrix}, \quad X_2 = \begin{pmatrix} 1 \\ 1 \\ 0 \end{pmatrix}, \quad X_3 = \begin{pmatrix} 2 \\ 0 \\ -1 \end{pmatrix}.
$$

试求矩阵 A.

解 直接验证可知: X_1, X_2, X_3 是三个线性无关的特征向量, 因此 A 相似于对角矩阵. 当取

$$S = \begin{pmatrix} X_1 & X_2 & X_3 \end{pmatrix} = \begin{pmatrix} 1 & 1 & 2 \\ 2 & 1 & 0 \\ 1 & 0 & -1 \end{pmatrix}, \quad \Lambda = \begin{pmatrix} 1 & 0 & 0 \\ 0 & 1 & 0 \\ 0 & 0 & 2 \end{pmatrix}$$

时, 有 $S^{-1}AS = \Lambda$. 因此可以导出

$$\begin{aligned} A &= S\Lambda S^{-1} \\ &= \begin{pmatrix} 1 & 1 & 2 \\ 2 & 1 & 0 \\ 1 & 0 & -1 \end{pmatrix} \begin{pmatrix} 1 & 0 & 0 \\ 0 & 1 & 0 \\ 0 & 0 & 1 \end{pmatrix} \begin{pmatrix} 1 & -1 & 2 \\ -2 & 3 & -4 \\ 1 & -1 & 1 \end{pmatrix} \\ &= \begin{pmatrix} 3 & -2 & 2 \\ 0 & 1 & 0 \\ -1 & 1 & 0 \end{pmatrix}. \end{aligned}$$

□

例 4.14 设 A 是二阶实矩阵且 $|A| < 0$. 证明: A 相似于对角矩阵.

证明 设 $A = \begin{pmatrix} a & b \\ c & d \end{pmatrix}$. 由 $|A| < 0$ 可知 $ad - bc < 0$. 由于

$$|\lambda I_2 - A| = \lambda^2 - (a+d)\lambda + (ad - bc) = 0$$

有两个不同的实根. 因此, A 有两个不同的特征值, 从而必然相似于对角矩阵. □

例 4.15 设 A, B 是两个 n 阶复矩阵且 $A + B + AB = 0$. 证明:

(1) A 的特征向量必然是 B 的特征向量;

(2) A 可对角化当且仅当 B 可对角化.

证明 (1) 设 λ 是 B 的特征值, 且 X_0 是 B 的属于 λ 的特征向量, 也就是 $BX_0 = \lambda X_0$. 由

$$(A + B + AB)X_0 = 0$$

可知 $(\lambda + 1)AX_0 = -\lambda X_0$. 如果 $\lambda + 1 = 0$, 则有 $X_0 = 0$, 此为矛盾, 因此 $\lambda + 1 \neq 0$. 进而, 我们可以导出 $AX_0 = -\dfrac{\lambda}{\lambda + 1}X_0$. 从而 $-\dfrac{\lambda}{\lambda + 1}$ 是 A 的特征值, X_0 是 A 的属于 $-\dfrac{\lambda}{\lambda + 1}$ 的特征向量.

(2) 由 (1) 可知 B 的特征向量都是 A 的特征向量. 因此, 当 B 可以对角化时, B 有 n 个线性无关的特征向量, 从而 A 也有 n 个线性无关的特征向量, 故 A 也可以对角化. 另一方面, 如果 A 可以对角化, 则 A^{T} 也可以对角化. 由 $A + B + AB = 0$ 可知

$$A^{\mathrm{T}} + B^{\mathrm{T}} + B^{\mathrm{T}}A^{\mathrm{T}} = 0.$$

由 (1) 的证明可知, A^{T} 的特征向量也是 B^{T} 的特征向量. 因此, B^{T} 也可以对角化, 从而 B 也可以对角化. □

习题 4.3

1. 设 $A = \begin{pmatrix} 1 & -1 & 1 \\ x & 4 & y \\ -3 & -3 & 5 \end{pmatrix}$. 已知 A 有三个线性无关的特征向量, 且 2 是 A 的二重特征值. 求可逆矩阵 P, 使得 $P^{-1}AP$ 为对角矩阵.

2. 设三阶矩阵 A 和三维列向量 X_0 满足 X_0, AX_0, A^2X_0 是线性无关的且有

$$A^3X_0 = 3AX_0 - 2A^2X_0.$$

(1) 记 $P = \begin{pmatrix} X_0 & AX_0 & A^2X_0 \end{pmatrix}$, 求三阶矩阵 B, 使得 $A = PBP^{-1}$;

(2) 计算行列式 $|A + I_3|$.

3. 设 $A = \begin{pmatrix} 3 & 4 & 0 & 0 \\ 4 & -3 & 0 & 0 \\ 0 & 0 & 2 & 4 \\ 0 & 0 & 0 & 2 \end{pmatrix}$, 求 A^k.

4. 设 $A = \begin{pmatrix} -5 & 6 \\ -4 & 5 \end{pmatrix}$, 求

(1) A 的特征值与特征向量;

(2) 求 A^{2n} (其中 n 为正整数).

5. 设矩阵 $A = \begin{pmatrix} 1 & -1 & 1 \\ x & 4 & y \\ -3 & -3 & 5 \end{pmatrix}$. 已知 A 有 3 个线性无关的特征向量, $\lambda = 2$ 是 A 的二重特征值. 试求可逆矩阵 P, 使得 $P^{-1}AP$ 是对角矩阵.

6. 设矩阵 $A = \begin{pmatrix} 2 & 0 & 1 \\ 3 & 1 & x \\ 4 & 0 & 5 \end{pmatrix}$ 可以相似对角化, 求 x.

§4.4 矩阵的相似标准型

命题 设 A 是数域 $\mathbb{K}$ 中的 n 阶方阵. 如果 $\lambda_1, \cdots, \lambda_r$ 是 A 在 $\mathbb{K}$ 中的特征值, 则 A 在 $\mathbb{K}$ 上相似于 $\begin{pmatrix} B_1 & B_2 \\ \mathbf{0} & B_3 \end{pmatrix}$, 其中 $B_1 = \begin{pmatrix} \lambda_1 & & * \\ & \ddots & \\ & & \lambda_r \end{pmatrix}$ 是上三角矩阵.

证明 对 r 进行数学归纳法. 当 $r = 1$ 时, 设 $\alpha_1 \in \mathbb{K}^n$ 是 A 的属于 λ 的特征向量, 扩充其为 $\mathbb{K}^n$ 的基 $\alpha_1, \alpha_2, \cdots, \alpha_n$. 令 $P = \begin{pmatrix} \alpha_1 & \alpha_2 & \cdots & \alpha_n \end{pmatrix}$, 则有

$$P^{-1}AP = \begin{pmatrix} \lambda_1 & B_2 \\ \mathbf{0} & B_3 \end{pmatrix}.$$

归纳假设结论对于 $r - 1$ 是成立的. 则对于 r 而言, 由于 λ_1 是 A 的特征值, 存在 λ_1 的特征向量 $\beta_1 \in \mathbb{K}^n$ 使得 $A\beta_1 = \lambda_1 \beta_1$. 扩充其为 $\mathbb{K}^n$ 的基 $\beta_1, \beta_2, \cdots, \beta_n$. 令 $P_1 = \begin{pmatrix} \beta_1 & \beta_2 & \cdots & \beta_n \end{pmatrix}$, 则有

$$P_1^{-1}AP_1 = \begin{pmatrix} \lambda_1 & B_2 \\ \mathbf{0} & B_3 \end{pmatrix}.$$

由条件可知, $\lambda_2, \cdots, \lambda_r$ 是 B_3 的特征值, 那么存在可逆矩阵 $Q \in M_{n-1}$ 使得

$$Q^{-1}B_3Q = \begin{pmatrix} C_1 & C_2 \\ \mathbf{0} & C_3 \end{pmatrix},$$

其中 $C_1 = \begin{pmatrix} \lambda_2 & & * \\ & \ddots & \\ & & \lambda_r \end{pmatrix}$ 是 $n-1$ 阶上三角矩阵. 令 $P = P_1 \begin{pmatrix} 1 & \mathbf{0} \\ \mathbf{0} & Q \end{pmatrix}$, 则 P 是可逆矩阵且

$$P^{-1}AP = \begin{pmatrix} B_1 & B_2 \\ \mathbf{0} & B_3 \end{pmatrix},$$

这里, $B_1 = \begin{pmatrix} \lambda_1 & & * \\ & \ddots & \\ & & \lambda_r \end{pmatrix}$ 是上三角矩阵.　□

例 4.16　设 $a_0 = a_1 = 1$, 数列 $\{a_n\}_{n \in \mathbb{N}}$ 满足递推关系

$$a_n = a_{n-1} + a_{n-2}, \quad (n \geqslant 2). \tag{4.11}$$

求 a_n 的表达式.

解　递推公式 (4.11) 可以写为

$$\begin{pmatrix} a_n \\ a_{n-1} \end{pmatrix} = \begin{pmatrix} 1 & 1 \\ 1 & 0 \end{pmatrix} \begin{pmatrix} a_{n-1} \\ a_{n-2} \end{pmatrix}. \tag{4.12}$$

设 $A = \begin{pmatrix} 1 & 1 \\ 1 & 0 \end{pmatrix}$, $\alpha_n = \begin{pmatrix} a_n \\ a_{n-1} \end{pmatrix}$, $\alpha_1 = \begin{pmatrix} 1 \\ 1 \end{pmatrix}$, 则 (4.12) 写为

$$\alpha_n = A\alpha_{n-1} = \cdots = A^{n-1}\alpha_1. \tag{4.13}$$

矩阵 A 的特征多项式是

$$|\lambda I_2 - A| = \lambda^2 - \lambda - 1 = 0.$$

因此, A 有两个特征根 $\lambda_1 = \dfrac{1+\sqrt{5}}{2}$, $\lambda_2 = \dfrac{1-\sqrt{5}}{2}$. 由此可知, A 可以对角化. 解齐次线性方程组

$$\left(\frac{1+\sqrt{5}}{2}I_2 - A\right)X = 0,$$

得到它的一个基础解系 $X_1 = \begin{pmatrix} \lambda_1 \\ 1 \end{pmatrix}$. 同理可得齐次线性方程组

$$\left(\frac{1-\sqrt{5}}{2}I_2 - A\right)X = 0$$

的一个基础解系是 $X_2 = \begin{pmatrix} \lambda_2 \\ 1 \end{pmatrix}$.

令 $S = \begin{pmatrix} \lambda_1 & \lambda_2 \\ 1 & 1 \end{pmatrix}$, 则有

$$S^{-1} = \frac{1}{\lambda_1 - \lambda_2} \begin{pmatrix} 1 & -\lambda_2 \\ -1 & \lambda_1 \end{pmatrix} = \frac{1}{\sqrt{5}} \begin{pmatrix} 1 & -\lambda_2 \\ -1 & \lambda_1 \end{pmatrix}$$

以及 $S^{-1}AS = \begin{pmatrix} \lambda_1 & 0 \\ 0 & \lambda_2 \end{pmatrix}$. 从而就有

$$\begin{aligned} A^n &= S \begin{pmatrix} \lambda_1 & 0 \\ 0 & \lambda_2 \end{pmatrix}^n S^{-1} \\ &= \frac{1}{\sqrt{5}} \begin{pmatrix} \lambda_1^{n+1} - \lambda_2^{n+1} & \lambda_1\lambda_2^{n+1} - \lambda_2\lambda_1^{n+1} \\ \lambda_1^n - \lambda_2^n & \lambda_1\lambda_2^n - \lambda_2\lambda_1^n \end{pmatrix}. \end{aligned}$$

由此可知

$$\begin{pmatrix} a_{n+1} \\ a_n \end{pmatrix} = A^n \begin{pmatrix} 1 \\ 1 \end{pmatrix} = \frac{1}{\sqrt{5}} \begin{pmatrix} \lambda_1^{n+2} - \lambda_2^{n+2} \\ \lambda_1^{n+1} - \lambda_2^{n+1} \end{pmatrix},$$

因此

$$a_n = \frac{1}{\sqrt{5}}\left[\left(\frac{1+\sqrt{5}}{2}\right)^{n+1} - \left(\frac{1-\sqrt{5}}{2}\right)^{n+1}\right].$$

此即所求.   □

作为本章的最后, 我们简单介绍一下若当标准型的结论(不给出详细的证明). 具体细节可以参看文献[1]的相关章节.

定义 4.4 设 $\lambda \in \mathbb{C}$, 称形如

$$\begin{pmatrix} \lambda & 1 & 0 & \cdots & 0 & 0 \\ 0 & \lambda & 1 & \cdots & 0 & 0 \\ 0 & 0 & \lambda & \cdots & 0 & 0 \\ \vdots & \vdots & \vdots & & \vdots & \vdots \\ 0 & 0 & 0 & \cdots & \lambda & 1 \\ 0 & 0 & 0 & \cdots & 0 & \lambda \end{pmatrix}$$

的矩阵为**若当块**.

定义 4.5 称矩阵

$$J = \begin{pmatrix} J_1 & & & \\ & J_2 & & \\ & & \ddots & \\ & & & J_s \end{pmatrix}$$

是**若当标准型**, 其中 $J_1, J_2, \cdots, J_s$ 均是若当块.

定理 4.17 每个 n 阶复矩阵 A 都与一个若当标准型 J 相似, 这个若当标准型除去若当块的排序外是 A 被唯一决定的.

习题4.4

1. 设实矩阵 $A = \begin{pmatrix} 2 & 1 & 1 \\ -2 & 5 & 1 \\ -3 & 2 & 5 \end{pmatrix}$.

   (1) 判断 A 是否能对角化.

   (2) 如果 A 不能对角化, 求实可逆矩阵 P, 使得 $P^{-1}AP$ 为上三角矩阵.

2. 设 A 是数域 $\mathbb{K}$ 上的 n 阶幂等矩阵(也即是 $A^2 = A$), 求 A 的行列式和迹.

3. 设数列 $\{u_n\}_{n=1}^{\infty}$ 和 $\{v_n\}_{n=1}^{\infty}$ 满足: $u_0 = 1, v_0 = 0$ 以及

$$
\begin{cases}
u_n &=& 2u_{n-1} - 3v_{n-1}, \\
v_n &=& \frac{1}{2}u_{n-1} - \frac{1}{2}v_{n-1}.
\end{cases}
$$

求 u_n 的通项以及 $\lim\limits_{n\to\infty} u_n$.

第五章 实对称矩阵的对角化

§5.1 正交向量与正交矩阵

定义 5.1 设 V 是数域 $\mathbb{K}$ 上的线性空间. 如果对于其中任意两个向量 α, β 都有唯一确定的数 (α, β) 与之对应, 且满足: 对任意的 $\alpha, \beta, \gamma \in V$ 和 $k_1, k_2 \in \mathbb{K}$, 有

(1) $(\alpha, \alpha) \geqslant 0$; $(\alpha, \alpha) = 0$ 当且仅当 $\alpha = 0$;

(2) $(\alpha, \beta) = \overline{(\beta, \alpha)}$;

(3) $(k_1\alpha + k_2\beta, \gamma) = k_1(\alpha, \gamma) + k_2(\beta, \gamma)$.

则称 (α, β) 是向量 α, β 的**内积**, 具有内积的线性空间称为是**内积空间**. 向量 α 的**长度** 定义为 $\|\alpha\| = \sqrt{(\alpha, \alpha)}$; 而把长度为 1 的向量称为是**单位向量**. 对任意的非零向量 $\alpha \in V$, 则 $\dfrac{\alpha}{\|\alpha\|}$ 是单位向量并且称为是 α 的**单位化**.

例 5.1 在 $\mathbb{R}^n$ 中, 对任意的向量 $\alpha = \begin{pmatrix} a_1 \\ a_2 \\ \vdots \\ a_n \end{pmatrix}$ 和 $\beta = \begin{pmatrix} b_1 \\ b_2 \\ \vdots \\ b_n \end{pmatrix}$, 定义其内积 (α, β) 为

$$(\alpha, \beta) = \sum_{i=1}^{n} a_i b_i.$$

此时称线性空间 $\mathbb{R}^n$ 为欧几里得空间.

例 5.2 在矩阵空间 M_n 中, 对任意的 $A, B \in M_n$, 定义内积为

$$(A, B) = \text{tr}(AB^*),$$

其中 B^* 表示 B 的共轭转置.

例 5.3 在连续函数空间 $C[a,b]$ 中, 对任意的 $f, g \in C[a,b]$, 定义内积为

$$(f,g) = \int_a^b f(t)\overline{g(t)}\mathrm{d}t.$$

定义 5.2 对于内积空间 V 中的向量 α 和 β, 如果 $(\alpha, \beta) = 0$, 则称 α 与 β 是**正交**的, 记为 $\alpha \perp \beta$. 更进一步地, 在一个由非零向量组成的向量组中, 如果任意两个不同的向量都是正交的, 则称此向量组是**正交向量组**. 如果正交向量组中的每一个向量都是单位向量, 则称此向量组是**正交单位向量组**.

显然, 零向量与任意一个向量都是正交的.

注 向量组 $\alpha_1, \alpha_2, \cdots, \alpha_s$ 是正交标准向量组当且仅当, 对任意的 $i, j = 1, 2, \cdots, s$, 有

$$(\alpha_i, \alpha_j) = \delta_{ij} := \begin{cases} 1, & \text{如果 } i = j; \\ 0, & \text{如果 } i \neq j. \end{cases}$$

例 5.4 设 $\alpha = \begin{pmatrix} 1 \\ -1 \\ 0 \\ -1 \end{pmatrix}, \beta = \begin{pmatrix} 1 \\ -1 \\ 1 \\ -1 \end{pmatrix}, \gamma = \begin{pmatrix} 1 \\ -1 \\ -1 \\ -1 \end{pmatrix}$, 求与 α, β, γ 均正交的所有向量.

解 设 $X = \begin{pmatrix} x_1 \\ x_2 \\ x_3 \\ x_4 \end{pmatrix}$ 与 α, β, γ 都是正交的, 则有

$$(\alpha, X) = (\beta, X) = (\alpha, X) = 0,$$

也就是

$$\begin{cases} x_1 & - & x_2 & & & - & x_4 & = & 0, \\ x_1 & - & x_2 & + & x_3 & - & x_4 & = & 0, \\ x_1 & - & x_2 & - & x_3 & - & x_4 & = & 0. \end{cases}$$

上述方程的基础解系是

$$\xi_1 = \begin{pmatrix} 1 \\ 1 \\ 0 \\ 0 \end{pmatrix}, \quad \xi_2 = \begin{pmatrix} 1 \\ 0 \\ 0 \\ 1 \end{pmatrix}.$$

因此集合

$$\left\{ k_1 \begin{pmatrix} 1 \\ 1 \\ 0 \\ 0 \end{pmatrix} + k_2 \begin{pmatrix} 1 \\ 0 \\ 0 \\ 1 \end{pmatrix} : k_1, k_2 \in \mathbb{R} \right\}$$

中的向量是与 α, β, γ 正交的所有向量. □

定理 5.1 (柯西-施瓦兹不等式) 对于内积空间 V 中的任意两个向量 α, β, 有

$$|(\alpha, \beta)| \leqslant \|\alpha\| \|\beta\|. \tag{5.1}$$

式 (5.1) 中等号成立当且仅当 α, β 是线性相关的.

证明 当 α, β 线性相关时, 不妨设 $\alpha = k\beta$, 则有

$$|(\alpha, \beta)| = |k(\beta, \beta)| = |k| \|\beta\|^2 = \|\alpha\| \|\beta\|.$$

当 α, β 线性无关时, 对任意的数 $\lambda \in \mathbb{K}$, 有 $\alpha + \lambda\beta \neq 0$, 从而可得

$$(\alpha + \lambda\beta, \alpha + \lambda\beta) > 0.$$

也就是

$$(\alpha, \alpha) + \overline{\lambda}(\alpha, \beta) + \lambda(\beta, \alpha) + |\lambda|^2(\beta, \beta) > 0.$$

特别地, 令 $\lambda = -\dfrac{(\alpha, \beta)}{(\beta, \beta)}$, 则有

$$(\alpha, \alpha) - \frac{\overline{(\alpha, \beta)}(\alpha, \beta)}{(\beta, \beta)} - \frac{(\alpha, \beta)\overline{(\alpha, \beta)}}{(\beta, \beta)} + \frac{|(\alpha, \beta)|^2}{(\beta, \beta)^2}(\beta, \beta) > 0.$$

也即得知 $|(\alpha, \beta)| < \|\alpha\| \|\beta\|$.   □

定理 5.2　在内积空间 V 中, 正交向量组一定是线性无关的.

证明　设 $\alpha_1, \alpha_2, \cdots, \alpha_s$ 是 V 中的正交向量组, 且设

$$k_1\alpha_1 + k_2\alpha_2 + \cdots + k_s\alpha_s = 0. \tag{5.2}$$

对任意的 $1 \leqslant i_0 \leqslant s$, 把式 (5.2) 两边的向量与 α_{i_0} 做内积可得

$$(k_1\alpha_1 + \cdots + k_s\alpha_s, \alpha_{i_0}) = 0.$$

当 $j \neq i_0$ 时, 有 $(\alpha_j, \alpha_{i_0}) = 0$, 进而可以导出 $k_{i_0}(\alpha_{i_0}, \alpha_{i_0}) = 0$. 由 $\alpha_{i_0} \neq 0$ 可知 $(\alpha_{i_0}, \alpha_{i_0}) \neq 0$, 从而 $k_{i_0} = 0$.

注意到 i_0 的任意性, 我们就证明了 $\alpha_1, \alpha_2, \cdots, \alpha_s$ 是线性无关的.　　□

注　在 n 维内积空间 V 中, n 个向量组成的正交向量组一定是 V 的一组基, 称之为 V 的**正交基**; n 个单位向量组成的正交基称为是 V 的**标准正交基**.

定理 5.3　n 维内积空间中任何一个正交向量组都能扩充成一组正交基.

证明　设 $\alpha_1, \alpha_2, \cdots, \alpha_m$ 是一个正交向量组, 下面对 $n - m$ 应用数学归纳法.

当 $n - m = 0$ 时, $\alpha_1, \alpha_2, \cdots, \alpha_m$ 就是一组正交基.

假设当 $n - m = k$ 时, 结论成立, 即: 存在向量 $\beta_1, \beta_2, \cdots, \beta_k$ 使得

$$\alpha_1, \cdots, \alpha_m, \beta_1, \cdots, \beta_k$$

是一组正交基. 当 $n - m = k + 1$ 时, 由 $m < n$ 可知: 必然存在向量 β 不能被 $\alpha_1, \cdots, \alpha_m$ 线性表出. 令

$$\alpha_{m+1} = \beta - k_1\alpha_1 - k_2\alpha_2 - \cdots - k_m\alpha_m,$$

其中 $k_1, \cdots, k_m$ 是待定系数. 作 α_i 与 α_{m+1} 的内积, 可以得到

$$(\alpha_i, \alpha_{m+1}) = (\beta, \alpha_i) - k_i(\alpha_i, \alpha_i), \quad i = 1, 2, \cdots, m.$$

因此, 当取

$$k_i = \frac{(\beta, \alpha_i)}{(\alpha_i, \alpha_i)} \quad (i = 1, 2, \cdots, m)$$

时, 有
$$(\alpha_i, \alpha_{m+1}) = 0, \quad i = 1, 2, \cdots, m.$$

由 β 的定义可知 $\alpha_{m+1} \neq 0$. 因此, $\alpha_1, \cdots, \alpha_m, \alpha_{m+1}$ 是正交向量组. 最后, 由归纳假设可知: $\alpha_1, \cdots, \alpha_m, \alpha_{m+1}$ 可以扩充为一组正交基.   □

注   此定理给出了扩充正交向量组的方法. 从某个非零向量出发, 按照证明中的过程不断扩充, 就可以得到一个正交向量组.

由内积空间 V 中的一个线性无关向量组 $\alpha_1, \cdots, \alpha_s$ 出发, 可以去求与之等价的正交向量组 $\beta_1, \cdots, \beta_s$. 此过程称之为**施密特正交化**.

定理 5.4   设 $\alpha_1, \alpha_2, \cdots, \alpha_s$ 是内积空间 V 中的一个线性无关向量组. 令

$$
\begin{aligned}
\beta_1 &= \alpha_1, \\
\beta_2 &= \alpha_2 - \frac{(\alpha_2, \beta_1)}{(\beta_1, \beta_1)} \beta_1, \\
&\vdots \\
\beta_s &= \alpha_s - \sum_{j=1}^{s-1} \frac{(\alpha_s, \beta_j)}{(\beta_j, \beta_j)} \beta_j.
\end{aligned}
\tag{5.3}
$$

则 $\beta_1, \beta_2, \cdots, \beta_s$ 是正交向量组并且 $\alpha_1, \alpha_2, \cdots, \alpha_s$ 与 $\beta_1, \beta_2, \cdots, \beta_s$ 是等价的.

证明   显然 β_1 与 β_2 是正交的. 归纳假设 $\beta_1, \beta_2, \cdots, \beta_{t-1}$ 是两两正交的, 则对于向量 $\beta_t = \alpha_t - \sum_{j=1}^{t-1} \frac{(\alpha_t, \beta_j)}{(\beta_j, \beta_j)} \beta_j$ 而言, 对任意的 $1 \leqslant k < t$, 有

$$
\begin{aligned}
(\beta_t, \beta_k) &= (\alpha_t, \beta_k) - \sum_{j=1}^{t-1} \frac{(\alpha_t, \beta_j)}{(\beta_j, \beta_j)} (\beta_j, \beta_k) \\
&= (\alpha_t, \beta_k) - \frac{(\alpha_t, \beta_k)}{(\beta_k, \beta_k)} (\beta_k, \beta_k) = 0.
\end{aligned}
$$

因此, $\beta_1, \beta_2, \cdots, \beta_t$ 是两两正交的.

显然, $\beta_1, \beta_2, \cdots, \beta_s$ 与 $\alpha_1, \alpha_2, \cdots, \alpha_s$ 之间可以互相线性表示.   □

注   将定理 5.4 中的正交向量组 $\beta_1, \beta_2, \cdots, \beta_s$ 进行单位化, 也就是令

$$\eta_i = \frac{\beta_i}{\|\beta_i\|}, \quad i = 1, 2, \cdots, s.$$

则 $\eta_1, \eta_2, \cdots, \eta_s$ 是与 $\alpha_1, \alpha_2, \cdots, \alpha_s$ 等价的标准正交向量组.

例 5.5 设 $\alpha_1 = \begin{pmatrix} 1 \\ 1 \\ 0 \end{pmatrix}, \alpha_2 = \begin{pmatrix} 1 \\ 0 \\ 1 \end{pmatrix}, \alpha_3 = \begin{pmatrix} -1 \\ 0 \\ 0 \end{pmatrix}$ 是欧几里得空间 $\mathbb{R}^3$ 的

一组基. 求 $\mathbb{R}^3$ 的一组标准正交基.

解 首先, 将 $\alpha_1, \alpha_2, \alpha_3$ 正交化可以得到向量组

$$\beta_1 = \alpha_1 = \begin{pmatrix} 1 \\ 1 \\ 0 \end{pmatrix},$$

$$\beta_2 = \alpha_2 - \frac{(\alpha_2, \beta_1)}{(\beta_1, \beta_1)}\beta_1 = \alpha_2 - \frac{1}{2}\beta_1 = \frac{1}{2}\begin{pmatrix} 1 \\ -1 \\ 2 \end{pmatrix}$$

$$\beta_3 = \alpha_3 - \frac{(\alpha_3, \beta_1)}{(\beta_1, \beta_1)}\beta_1 - \frac{(\alpha_3, \beta_2)}{(\beta_2, \beta_2)}\beta_2 = \alpha_3 + \frac{1}{2}\beta_1 + \frac{1}{3}\beta_2 = \frac{1}{3}\begin{pmatrix} -1 \\ 1 \\ 1 \end{pmatrix}.$$

由此可知, $\beta_1, \beta_2, \beta_3$ 是线性空间 $\mathbb{R}^3$ 的一组正交基.

再将 $\beta_1, \beta_2, \beta_3$ 单位化得到

$$\eta_1 = \frac{\beta_1}{\|\beta_1\|} = \begin{pmatrix} \frac{1}{\sqrt{2}} \\ \frac{1}{\sqrt{2}} \\ 0 \end{pmatrix}, \quad \eta_2 = \frac{\beta_2}{\|\beta_2\|} = \begin{pmatrix} \frac{1}{\sqrt{6}} \\ -\frac{1}{\sqrt{6}} \\ \frac{\sqrt{6}}{3} \end{pmatrix}, \quad \eta_3 = \frac{\beta_3}{\|\beta_3\|} = \begin{pmatrix} -\frac{1}{2\sqrt{3}} \\ \frac{1}{2\sqrt{3}} \\ \frac{1}{2\sqrt{3}} \end{pmatrix}.$$

因此, η_1, η_2, η_3 是线性空间 $\mathbb{R}^3$ 的一组标准正交基.   □

定义 5.3 设 A 是 n 阶实方阵, 如果 $AA^{\mathrm{T}} = I_n$, 则称 A 是**正交矩阵**.

注   设 A 是 n 阶实方阵, 由定义可以直接验证下面四条是等价的:

(1) A 是正交矩阵,

(2) $AA^{\mathrm{T}} = I_n$,

(3) A 可逆且 $A^{-1} = A^{\mathrm{T}}$,

(4) $A^{\mathrm{T}}A = I_n$.

例 5.6　设 θ 是实数, 对于矩阵 $A = \begin{pmatrix} \cos\theta & -\sin\theta \\ \sin\theta & \cos\theta \end{pmatrix}$ 而言, 由

$$AA^{\mathrm{T}} = \begin{pmatrix} \cos\theta & -\sin\theta \\ \sin\theta & \cos\theta \end{pmatrix} \begin{pmatrix} \cos\theta & \sin\theta \\ -\sin\theta & \cos\theta \end{pmatrix} = \begin{pmatrix} 1 & 0 \\ 0 & 1 \end{pmatrix}$$

可知 A 是正交矩阵.

定理 5.5　正交矩阵具有如下的性质:

(1) n 阶单位矩阵 I_n 是正交矩阵.

(2) 如果 A 与 B 都是 n 阶正交矩阵, 则 AB 也是正交矩阵.

(3) 如果 A 是正交矩阵, 则 $A^{-1} = A^{\mathrm{T}}$ 也是正交矩阵.

(4) 如果 A 是正交矩阵, 则有 $|A| = 1$ 或 -1.

证明　只需要证明 (2) 和 (4) 即可.

如果 A 和 B 都是 n 阶正交矩阵, 则有

$$(AB)(AB)^{\mathrm{T}} = A(BB^{\mathrm{T}})A^{\mathrm{T}} = AI_nA^{\mathrm{T}} = I_n.$$

因此, AB 也是正交矩阵. 由 A 是正交矩阵可知 $|AA^{\mathrm{T}}| = |I_n| = 1$, 也即是有

$$|A| \cdot |A^{\mathrm{T}}| = 1.$$

因此可以得到 $|A|^2 = 1$, 从而 $|A| = 1$ 或 -1.　　□

注　设 A 是 n 阶实正交矩阵, 如果 $\lambda \in \mathbb{C}$ 是 A 的特征值, 则 $|\lambda| = 1$. 事实上, 设 A 的属于 λ 的特征向量是 X, 也即是 $AX = \lambda X$, 则有 $\overline{X}^{\mathrm{T}} A^{\mathrm{T}} = \overline{\lambda} \overline{X}^{\mathrm{T}}$. 因此可以导出

$$\overline{X}^{\mathrm{T}} A^{\mathrm{T}} A X = \lambda\overline{\lambda}(\overline{X}^{\mathrm{T}} X).$$

由 $A^{\mathrm{T}}A = I_n$ 可知 $(|\lambda|^2 - 1)\overline{X}^{\mathrm{T}} X = 0$, 从而得出 $|\lambda| = 1$.

定理 5.6　设 A 是 n 阶实方阵, 则 A 是正交矩阵当且仅当 A 的列(行)向量组是欧几里得空间 $\mathbb{R}^n$ 的一组标准正交基.

证明 设 A 的列向量组为 $\alpha_1, \alpha_2, \cdots, \alpha_n$. 由

$$A^T A = I_n = (\delta_{ij})_{n \times n}$$

$$\Longleftrightarrow \quad \alpha_i^T \alpha_j = \delta_{ij} \quad (1 \leqslant i, j \leqslant n)$$

$$\Longleftrightarrow \quad (\alpha_i, \alpha_j) = \delta_{ij} \quad (1 \leqslant i, j \leqslant n)$$

可知: A 是正交矩阵当且仅当 A 的列向量组是欧几里得空间 $\mathbb{R}^n$ 的一组标准正交基. 同理可以证明: 定理的结论对于 A 的行向量组也是成立的. $\quad\square$

注 定理5.6 说明: 构造正交矩阵等价于找 $\mathbb{R}^n$ 的标准正交基.

例 5.7 设3 阶实正交矩阵 A 的行列式的值是 -1. 证明:

$$\mathrm{tr}(A^2) = 2\mathrm{tr}(A) + (\mathrm{tr}(A))^2.$$

证明 由已知条件可知

$$|A + I_3| = |A + A^T A| = |(I_3 + A^T)A| = |A + I_3| \cdot |A| = -|A + I_3|,$$

因此 $|A + I_3| = 0$, 从而 A 有特征值 -1, 设 A 的另外两个特征值是 $a + bi, a - bi$, 其中 $a, b \in \mathbb{R}$. 由

$$|A| = (-1)(a + bi)(a - bi)$$

可知 $a^2 + b^2 = 1$. 注意到 $1, (a + bi)^2, (a - bi)^2$ 是 A^2 的特征值. 因此就有

$$\begin{aligned} \mathrm{tr}A^2 &= 1 + (a + bi)^2 + (a - bi)^2 \\ &= 1 + 2a^2 - 2b^2 = 4a^2 - 1. \end{aligned}$$

另一方面,

$$2\mathrm{tr}A + (\mathrm{tr}A)^2 = 4a^2 - 1,$$

因此结论成立. $\quad\square$

例 5.8 设

$$A = \begin{pmatrix} 1 & -1 & 1 & 2 & 0 \\ 2 & -2 & 3 & 5 & 2 \\ 3 & -3 & 4 & 7 & 2 \\ 4 & -4 & 5 & 9 & 2 \end{pmatrix}.$$

求齐次线性方程组 $AX = 0$ 的一个标准正交的基础解系.

解 对 A 做初等行变换, 将其化为行简化阶梯矩阵, 也就是

$$A \longrightarrow \begin{pmatrix} 1 & -1 & 0 & 1 & -2 \\ 0 & 0 & 1 & 1 & 2 \\ 0 & 0 & 0 & 0 & 0 \\ 0 & 0 & 0 & 0 & 0 \end{pmatrix}.$$

由此可得 $AX = 0$ 的基础解系是

$$\alpha_1 = \begin{pmatrix} 1 \\ 1 \\ 0 \\ 0 \\ 0 \end{pmatrix}, \quad \alpha_2 = \begin{pmatrix} -1 \\ 0 \\ -1 \\ 1 \\ 0 \end{pmatrix}, \quad \alpha_3 = \begin{pmatrix} 2 \\ 0 \\ -2 \\ 0 \\ 1 \end{pmatrix}.$$

用施密特正交化方法, 由 $\alpha_1, \alpha_2, \alpha_3$ 得到的标准正交的向量组 $\varepsilon_1, \varepsilon_2, \varepsilon_3$ 仍然是 $AX = 0$ 的基础解系. 此即所求.

下面我们就具体计算出 $\varepsilon_1, \varepsilon_2, \varepsilon_3$. 首先, 对 $\alpha_1, \alpha_2, \alpha_3$ 正交化, 令

$$\beta_1 = \alpha_1 = \begin{pmatrix} 1 \\ 1 \\ 0 \\ 0 \\ 0 \end{pmatrix},$$

$$\beta_2 = \alpha_2 - \frac{(\alpha_2, \beta_1)}{(\beta_1, \beta_1)}\beta_1 = \begin{pmatrix} -\frac{1}{2} \\ \frac{1}{2} \\ -1 \\ 1 \\ 0 \end{pmatrix},$$

$$\beta_3 = \alpha_3 - \frac{(\alpha_3, \beta_1)}{(\beta_1, \beta_1)}\beta_1 - \frac{(\alpha_3, \beta_2)}{(\beta_2, \beta_2)}\beta_2 = \begin{pmatrix} 1 \\ -1 \\ -2 \\ 0 \\ 1 \end{pmatrix}.$$

再单位化可得

$$\varepsilon_1 = \frac{\beta_1}{\|\beta_1\|} = \frac{\beta_1}{\sqrt{2}} = \begin{pmatrix} \frac{1}{\sqrt{2}} \\ \frac{1}{\sqrt{2}} \\ 0 \\ 0 \\ 0 \end{pmatrix},$$

$$\varepsilon_2 = \frac{\beta_2}{\|\beta_2\|} = \frac{\sqrt{2}\beta_2}{\sqrt{5}} = \begin{pmatrix} -\frac{1}{\sqrt{10}} \\ \frac{1}{\sqrt{10}} \\ -\frac{2}{\sqrt{10}} \\ \frac{2}{\sqrt{10}} \\ 0 \end{pmatrix},$$

$$\varepsilon_3 = \frac{\beta_3}{\|\beta_3\|} = \frac{\beta_3}{\sqrt{7}} = \begin{pmatrix} \frac{1}{\sqrt{7}} \\ -\frac{1}{\sqrt{7}} \\ -\frac{2}{\sqrt{7}} \\ 0 \\ \frac{1}{\sqrt{7}} \end{pmatrix}.$$

因此, $\varepsilon_1, \varepsilon_2, \varepsilon_3$ 就是 $AX = 0$ 的解空间的标准正交基. $\quad\square$

例 5.9 设 $\alpha_1, \alpha_2, \alpha_3, \alpha_4$ 是 $\mathbb{R}^4$ 的一组标准正交基. 证明: $\beta_1, \beta_2, \beta_3, \beta_4$ 也是 $\mathbb{R}^4$ 的一组标准正交基, 其中

$$\begin{aligned} \beta_1 &= \tfrac{1}{2}(\alpha_1 + \alpha_2 + \alpha_3 + \alpha_4), & \beta_2 &= \tfrac{1}{2}(\alpha_1 + \alpha_2 - \alpha_3 - \alpha_4), \\ \beta_3 &= \tfrac{1}{2}(\alpha_1 - \alpha_2 + \alpha_3 - \alpha_4), & \beta_4 &= \tfrac{1}{2}(\alpha_1 - \alpha_2 - \alpha_3 + \alpha_4). \end{aligned}$$

证明 由已知条件可知

$$\begin{pmatrix} \beta_1 & \beta_2 & \beta_3 & \beta_4 \end{pmatrix} = \begin{pmatrix} \alpha_1 & \alpha_2 & \alpha_3 & \alpha_4 \end{pmatrix} P,$$

其中 $P = \begin{pmatrix} \frac{1}{2} & \frac{1}{2} & \frac{1}{2} & \frac{1}{2} \\ \frac{1}{2} & \frac{1}{2} & -\frac{1}{2} & -\frac{1}{2} \\ \frac{1}{2} & -\frac{1}{2} & \frac{1}{2} & -\frac{1}{2} \\ \frac{1}{2} & -\frac{1}{2} & -\frac{1}{2} & \frac{1}{2} \end{pmatrix}$. 由于 $\begin{pmatrix} \alpha_1 & \alpha_2 & \alpha_3 & \alpha_4 \end{pmatrix}$ 是正交矩阵, 所以只

需要证明 P 是正交矩阵就可以了. 事实上, 由

$$P^{\mathrm{T}}P = \begin{pmatrix} \frac{1}{2} & \frac{1}{2} & \frac{1}{2} & \frac{1}{2} \\ \frac{1}{2} & \frac{1}{2} & -\frac{1}{2} & -\frac{1}{2} \\ \frac{1}{2} & -\frac{1}{2} & \frac{1}{2} & -\frac{1}{2} \\ \frac{1}{2} & -\frac{1}{2} & -\frac{1}{2} & \frac{1}{2} \end{pmatrix} \begin{pmatrix} \frac{1}{2} & \frac{1}{2} & \frac{1}{2} & \frac{1}{2} \\ \frac{1}{2} & \frac{1}{2} & -\frac{1}{2} & -\frac{1}{2} \\ \frac{1}{2} & -\frac{1}{2} & \frac{1}{2} & -\frac{1}{2} \\ \frac{1}{2} & -\frac{1}{2} & -\frac{1}{2} & \frac{1}{2} \end{pmatrix}$$

$$= \begin{pmatrix} 1 & 0 & 0 & 0 \\ 0 & 1 & 0 & 0 \\ 0 & 0 & 1 & 0 \\ 0 & 0 & 0 & 1 \end{pmatrix} = I_4$$

可知 P 是正交矩阵.　□

定义 5.4　设 V 是内积空间, T 是 V 上的线性变换. 如果对于任意的 $\alpha, \beta \in V$, 都有

$$(T\alpha, T\beta) = (\alpha, \beta), \tag{5.4}$$

则称 T 是**正交变换**.

定理 5.7　设 T 是 n 维内积空间 V 上的一个线性变换, 下列条件是等价的:

(1) T 是正交变换;

(2) T 保持向量的长度不变, 即: 对任意的 $\alpha \in V$, 都有 $\|T\alpha\| = \|\alpha\|$;

(3) 如果 $\alpha_1, \cdots, \alpha_n$ 是 V 的标准正交基, 则 $T\alpha_1, \cdots, T\alpha_n$ 也是 V 的标准正交基;

(4) T 在任意一组标准正交基下的矩阵均是正交矩阵.

证明　(1)$\Longrightarrow$(2). 对任意的 $\alpha \in V$. 如果 T 是正交变换, 则在等式(5.4) 中, 令 $\beta = \alpha$, 从而可以推出 $(T\alpha, T\alpha) = (\alpha, \alpha)$, 也就是 $\|T\alpha\| = \|\alpha\|$.

(2)$\Longrightarrow$(1). 对任意的 $\alpha, \beta \in V$, 由(2) 可知 $(T\alpha, T\alpha) = (\alpha, \alpha)$, $(T\beta, T\beta) = (\beta, \beta)$ 以及

$$(T(\alpha + \beta), T(\alpha + \beta)) = (\alpha + \beta, \alpha + \beta). \tag{5.5}$$

把等式(5.5) 展开可得.

(1)⟹(3). 设 $\alpha_1,\cdots,\alpha_n$ 是 V 的一组标准正交基, 也就是

$$(\alpha_i,\alpha_j)=\begin{cases}1,&\text{当 }i=j\text{ 时,}\\0&\text{当 }i\neq j\text{ 时,}\end{cases}\quad\forall i,j=1,2,\cdots,n.$$

如果 T 是正交变换, 则有

$$(T\alpha_i,T\alpha_j)=(\alpha_i,\alpha_j)=\begin{cases}1,&\text{当 }i=j\text{ 时,}\\0,&\text{当 }i\neq j\text{ 时,}\end{cases}\quad\forall i,j=1,2,\cdots,n.$$

这就说明 $T\alpha_1,\cdots,T\alpha_n$ 也是 V 的标准正交基.

(3)⟹(1). 设 $\alpha_1,\cdots,\alpha_n$ 是 V 的标准正交基. 对任意的 $\alpha,\beta\in V$, 设 $\alpha=\xi_1\alpha_1+\cdots+\xi_n\alpha_n$ 以及 $\beta=\eta_1\alpha_1+\cdots+\eta_n\alpha_n$. 从而就有 $T\alpha=\xi_1 T\alpha_1+\cdots+\xi_n T\alpha_n$ 以及 $T\beta=\eta_1 T\alpha_1+\cdots+\eta_n T\alpha_n$. 由 $T\alpha_1,\cdots,T\alpha_n$ 也是 V 的标准正交基可知

$$(T\alpha,T\beta)=\xi_1\eta_1+\cdots+\xi_n\eta_n=(\alpha,\beta).$$

(3)⟹(4). 设 T 在标准正交基 $\alpha_1,\cdots,\alpha_n$ 下的矩阵是 A, 也就是

$$\begin{pmatrix}T\alpha_1&T\alpha_2&\cdots&T\alpha_n\end{pmatrix}=\begin{pmatrix}\alpha_1&\alpha_2&\cdots&\alpha_n\end{pmatrix}A.$$

如果 $T\alpha_1,\cdots,T\alpha_n$ 也是 V 的标准正交基, 则 A 是从标准正交基 $\alpha_1,\cdots,\alpha_n$ 到标准正交基 $T\alpha_1,\cdots,T\alpha_n$ 的过渡矩阵, 因而 A 是正交矩阵.

(4)⟹(3). 如果 T 在标准正交基 $\alpha_1,\cdots,\alpha_n$ 下的矩阵 A 是正交矩阵, 直接验证可知 $T\alpha_1,\cdots,T\alpha_n$ 也是 V 的标准正交基. □

习题5.1

1. 已知 $\alpha_1,\alpha_2,\alpha_3$ 是 $\mathbb{R}^3$ 的一个标准正交基. 求 $\xi=\begin{pmatrix}1\\2\\3\end{pmatrix}$ 在基 $\alpha_1,\alpha_2,\alpha_3$ 下的坐标, 其中

$$\alpha_1=\begin{pmatrix}\frac{1}{3}\\-\frac{2}{3}\\-\frac{2}{3}\end{pmatrix},\quad\alpha_2=\begin{pmatrix}-\frac{2}{3}\\\frac{1}{3}\\-\frac{2}{3}\end{pmatrix},\quad\alpha_3=\begin{pmatrix}-\frac{2}{3}\\-\frac{2}{3}\\\frac{1}{3}\end{pmatrix}.$$

2. 设 $\alpha = \begin{pmatrix} 1 \\ 0 \\ -2 \end{pmatrix}, \beta = \begin{pmatrix} -4 \\ 2 \\ 3 \end{pmatrix}$, γ 与 α 是正交的且 $\beta = k\alpha + \gamma$. 求 k 和 γ.

3. 已知

$$P = \begin{pmatrix} a & -\frac{3}{7} & d \\ -\frac{3}{7} & c & \frac{2}{7} \\ b & \frac{2}{7} & -\frac{3}{7} \end{pmatrix}$$

是正交矩阵, 求 a, b, c, d.

4. 设

$$A = \begin{pmatrix} 1 & 0 & 0 \\ 0 & 1 & 0 \\ 3 & 2 & 2 \end{pmatrix}.$$

求 $M_3(\mathbb{R})$ 中所有与 A 可交换的矩阵所组成的子空间的维数及其一组基.

5. 如果非零向量 β 与 n 维向量组 $\alpha_1, \alpha_2, \cdots, \alpha_n$ 中的每一个向量均正交, 则向量组 $\alpha_1, \alpha_2, \cdots, \alpha_n$ 必然是线性相关的.

§5.2 实对称矩阵的对角化

定义 5.5 设 A 和 B 都是 n 阶实矩阵, 如果存在一个 n 阶正交矩阵 S 使得

$$B = S^{-1}AS,$$

则称 A **正交相似于** B.

正交相似有如下的性质:

(1) 正交相似是一个等价关系.

(2) 由正交相似的定义可知: 如果矩阵 A 正交相似于一个对称矩阵, 则 A 也是对称矩阵.

(3) 如果 A 正交相似于 B, 则 A 必相似于 B; 但是, 反之不成立. 例如: 设三阶方阵 A 和 B 为

$$A = \begin{pmatrix} 20 & 10 & 10 \\ 10 & 0 & 10 \\ 10 & 10 & 10 \end{pmatrix}, \quad B = \begin{pmatrix} 80 & 130 & 100 \\ 10 & 10 & 10 \\ -50 & -80 & -60 \end{pmatrix}.$$

一方面, 当令 $S = \begin{pmatrix} 1 & 2 & 1 \\ 1 & 0 & 1 \\ 2 & 3 & 3 \end{pmatrix}$ 时, 有 $S^{-1} = \begin{pmatrix} \frac{3}{2} & \frac{3}{2} & -1 \\ \frac{1}{2} & -\frac{1}{2} & 0 \\ -\frac{3}{2} & -\frac{1}{2} & 1 \end{pmatrix}$, 进而 $S^{-1}AS = B$. 另一方面, 由于 A 是对称矩阵而 B 不是对称矩阵, 因此 A 必然不正交相似于 B.

设 $A = (a_{ij})_{n \times n}$ 是复数域 $\mathbb{C}$ 上的 n 阶方阵, 正如以前所定义, 称 $\overline{A} = (\overline{a_{ij}})_{n \times n}$ 是 A 的**共轭矩阵**, 其中 $\overline{a_{ij}}$ 为 a_{ij} 的共轭复数.

定理 5.8 n 阶实对称方阵 A 的特征值均是实数.

证明 设 $\lambda \in \mathbb{C}$ 是 A 的特征值, 相应的特征向量是 X. 由 $AX = \lambda X$ 以及 $(\overline{A})^{\mathrm{T}} = A = A^{\mathrm{T}}$ 可知

$$\begin{aligned} \lambda (\overline{X})^{\mathrm{T}} X &= (\overline{X})^{\mathrm{T}}(\lambda X) = (\overline{X})^{\mathrm{T}}(AX) \\ &= ((\overline{X})^{\mathrm{T}}\overline{A}^{\mathrm{T}})X = (\overline{AX})^{\mathrm{T}} X = (\overline{\lambda X})^{\mathrm{T}} X \\ &= \bar{\lambda}(\overline{X})^{\mathrm{T}} X. \end{aligned}$$

又由 $X \neq 0$ 可知 $(\overline{X})^{\mathrm{T}} X > 0$, 故可以导出 $\bar{\lambda} = \lambda$, 从而 λ 是实数. □

定理 5.9 实对称矩阵 A 的不同特征值所对应的特征向量是正交的.

证明 设 λ_1 和 λ_2 是 A 的不同特征值, 而 X_1 和 X_2 分别是属于 λ_1 和 λ_2 的特征向量. 由此可以导出

$$\lambda_1(X_1, X_2) = (\lambda_1 X_1, X_2) = (AX_1, X_2) = \overline{X}_2^{\mathrm{T}}(AX_1) = \overline{X}_2^{\mathrm{T}} AX_1$$

和

$$\lambda_2(X_1, X_2) = (X_1, \lambda_2 X_2) = (X_1, AX_2) = \overline{X}_2^{\mathrm{T}} AX_1.$$

因此 $\lambda_1(X_1, X_2) = \lambda_2(X_1, X_2)$, 也就是 $(\lambda_1 - \lambda_2)(X_1, X_2) = 0$. 又 $\lambda_1 \neq \lambda_2$, 所以可得 $(X_1, X_2) = 0$. □

定理 5.10 实对称矩阵 A 必正交相似于实对角矩阵.

证明 对矩阵 A 的阶数 n 使用数学归纳法. 当 $n = 1$ 时, 结论是显然的. 假设对阶数 $\leqslant n - 1$ 的实对称矩阵, 结论是成立的.

由定理 5.8 可知: n 阶矩阵 A 一定有实特征值, 设为 λ_1, 相对应的特征向量是 X_1. 这里不妨设 X_1 是单位向量. 则 X_1 可以扩充为 $\mathbb{R}^n$ 的一组标准正交基 $X_1, X_2, \cdots, X_n$. 令 $S_1 = (X_1, X_2, \cdots, X_n)$, 则 S_1 是正交矩阵且

$$
\begin{aligned}
S_1^{-1} A S_1 &= S_1^{-1}(A X_1, A X_2, \cdots, A X_n) \\
&= (\lambda_1 S_1^{-1} X_1, S_1^{-1} A X_2, \cdots, S_1^{-1} A X_n).
\end{aligned}
$$

由 $S_1^{-1}(X_1, X_2, \cdots, X_n) = I_n$ 可知 $S_1^{-1} X_1 = \begin{pmatrix} 1 \\ 0 \\ \vdots \\ 0 \end{pmatrix}$, 从而 $S_1^{-1} A S_1$ 可以分块写为

$$
S_1^{-2} A S_2 = \begin{pmatrix} \lambda_1 & \alpha \\ \mathbf{0} & B \end{pmatrix}.
$$

由于 S_1 是正交矩阵且 A 是对称矩阵, 从而可以导出

$$
(S_1^{-1} A S_1)^{\mathrm{T}} = S_1^{\mathrm{T}} A^{\mathrm{T}} (S_1^{-1})^{\mathrm{T}} = S_1^{-1} A S_1,
$$

此即说明 $S_1^{-1} A S_1$ 是对称矩阵. 因此必然有 $\alpha = 0$ 且 B 是 $n - 1$ 阶实对称矩阵. 由归纳假设可知, 存在 $n - 1$ 阶正交矩阵 S_2 使得

$$
S_2^{-1} B S_2 = \begin{pmatrix} \lambda_2 & & & \\ & \lambda_3 & & \\ & & \ddots & \\ & & & \lambda_n \end{pmatrix}.
$$

取 $S = S_1 \begin{pmatrix} 1 & \mathbf{0} \\ \mathbf{0} & S_2 \end{pmatrix}$, 则 S 是正交矩阵且

$$
S^{-1} A S = \begin{pmatrix} 1 & \mathbf{0} \\ \mathbf{0} & S_2 \end{pmatrix}^{-1} S_1^{-1} A S_1 \begin{pmatrix} 1 & \mathbf{0} \\ \mathbf{0} & S_2 \end{pmatrix}
$$

$$
= \begin{pmatrix} 1 & \mathbf{0} \\ \mathbf{0} & S_2 \end{pmatrix}^{-1} \begin{pmatrix} \lambda_1 & \mathbf{0} \\ \mathbf{0} & B \end{pmatrix} \begin{pmatrix} 1 & \mathbf{0} \\ \mathbf{0} & S_2 \end{pmatrix}
$$

$$
= \begin{pmatrix} \lambda_1 & \mathbf{0} \\ \mathbf{0} & S_2^{-1}BS_2 \end{pmatrix}
$$

$$
= \begin{pmatrix} \lambda_1 & & & \\ & \lambda_2 & & \\ & & \ddots & \\ & & & \lambda_n \end{pmatrix}.
$$

这样就证明了所要的结论. □

例 5.10 设

$$
A = \begin{pmatrix} 0 & -1 & 1 \\ -1 & 0 & 1 \\ 1 & 1 & 0 \end{pmatrix},
$$

求正交矩阵 S, 使得 $S^{-1}SA$ 为对角矩阵 Λ.

解 由

$$
\begin{aligned}
|A - \lambda I_3| &= \begin{vmatrix} -\lambda & -1 & 1 \\ -1 & -\lambda & 1 \\ 1 & 1 & -\lambda \end{vmatrix} = \begin{vmatrix} 1-\lambda & 0 & 0 \\ -1 & -1-\lambda & 1 \\ 1 & 2 & -\lambda \end{vmatrix} \\
&= -(\lambda-1)^2(\lambda+2)
\end{aligned}
$$

可知, A 的特征值是 $\lambda_1 = -2, \lambda_2 = \lambda_3 = 1$.

对于特征值 $\lambda_1 = -2$, 解齐次线性方程组 $(A + 2I_3)X = 0$. 由

$$
A + 2I_3 = \begin{pmatrix} 2 & -1 & 1 \\ -1 & 2 & 1 \\ 1 & 1 & 2 \end{pmatrix} \to \begin{pmatrix} 1 & 0 & 0 \\ 0 & 1 & 1 \\ 0 & 0 & 0 \end{pmatrix}
$$

可得$(A + 2I_3)X = 0$ 的基础解系是$\xi_1 = \begin{pmatrix} -1 \\ -1 \\ 1 \end{pmatrix}$. 将$\xi_1$ 单位化得到

$$\eta_1 = \frac{1}{\sqrt{3}} \begin{pmatrix} -1 \\ -1 \\ 1 \end{pmatrix}.$$

对于特征值$\lambda_2 = \lambda_3 = 1$, 解齐次线性方程组$(A - I_3)X = 0$. 由

$$A - I_3 = \begin{pmatrix} -1 & -1 & 1 \\ -1 & -1 & 1 \\ 1 & 1 & -1 \end{pmatrix} \rightarrow \begin{pmatrix} 1 & 1 & -1 \\ 0 & 0 & 0 \\ 0 & 0 & 0 \end{pmatrix}$$

可得$(A - I_3)X = 0$ 的基础解系是$\xi_2 = \begin{pmatrix} -1 \\ 1 \\ 0 \end{pmatrix}, \xi_3 = \begin{pmatrix} 1 \\ 0 \\ 1 \end{pmatrix}$. 首先, 将$\xi_2, \xi_3$ 正

交化得到正交向量$\kappa_2 = \xi_2$ 和

$$\kappa_3 = \xi_3 - \frac{(\kappa_2, \xi_3)}{(\kappa_2, \kappa_2)}\kappa_2 = \frac{1}{2} \begin{pmatrix} 1 \\ 1 \\ 2 \end{pmatrix}.$$

再将κ_2, κ_3 单位化得到向量$\eta_2 = \frac{1}{\sqrt{2}} \begin{pmatrix} -1 \\ 1 \\ 0 \end{pmatrix}$ 和$\eta_3 = \frac{1}{\sqrt{6}} \begin{pmatrix} 1 \\ 1 \\ 2 \end{pmatrix}$.

最后, 将η_1, η_2, η_3 构成正交矩阵

$$S = (\eta_1, \eta_2, \eta_3) = \begin{pmatrix} -\frac{1}{\sqrt{3}} & -\frac{1}{\sqrt{2}} & \frac{1}{\sqrt{6}} \\ -\frac{1}{\sqrt{3}} & \frac{1}{\sqrt{2}} & \frac{1}{\sqrt{6}} \\ \frac{1}{\sqrt{3}} & 0 & \frac{2}{\sqrt{6}} \end{pmatrix},$$

就可以得到

$$S^{-1}AS = S^{\mathrm{T}}AS = \Lambda = \begin{pmatrix} -2 & 0 & 0 \\ 0 & 1 & 0 \\ 0 & 0 & 1 \end{pmatrix}.$$

此即所求.   □

例 5.11   设 A 是 n 阶实对称矩阵. 如果 A 的特征值的绝对值是1, 则 A 是正交矩阵.

证明   由于 A 是实对称矩阵, 故存在正交矩阵 P 使得

$$P^{\mathrm{T}}AP = \begin{pmatrix} \lambda_1 & & & \\ & \lambda_2 & & \\ & & \ddots & \\ & & & \lambda_n \end{pmatrix},$$

其中 $\lambda_1, \cdots, \lambda_n$ 是 A 的特征值. 由 $\lambda_i^2 = 1$ $(1 \leqslant i \leqslant n)$ 可知 $(P^{\mathrm{T}}AP)^2 = I_n$, 因此

$$A^{\mathrm{T}}A = A^2 = I_n,$$

也即 A 是正交矩阵.   □

例 5.12   设 A, B 是 n 阶实对称矩阵, 证明

$$\mathrm{tr}(ABAB) \leqslant \mathrm{tr}(A^2B^2).$$

证明   由 A 是对称矩阵可知, 存在正交矩阵 P 使得

$$P^{\mathrm{T}}AP = \begin{pmatrix} \lambda_1 & & & \\ & \lambda_2 & & \\ & & \ddots & \\ & & & \lambda_n \end{pmatrix}.$$

令 $P^{\mathrm{T}}BP = C = (c_{ij})_{n\times n}$, 注意到 $\mathrm{tr}(ABAB) \leqslant \mathrm{tr}(A^2B^2)$ 等价于

$$\mathrm{tr}(P^{\mathrm{T}}APP^{\mathrm{T}}BPP^{\mathrm{T}}APP^{\mathrm{T}}BP) \leqslant \mathrm{tr}(P^{\mathrm{T}}APP^{\mathrm{T}}APP^{\mathrm{T}}BPP^{\mathrm{T}}BP)$$
$$= \mathrm{tr}((P^{\mathrm{T}}AP)^2(P^{\mathrm{T}}BP)^2),$$

也就是

$$\mathrm{tr}\left[\begin{pmatrix} \lambda_1 & & & \\ & \lambda_2 & & \\ & & \ddots & \\ & & & \lambda_n \end{pmatrix} C \begin{pmatrix} \lambda_1 & & & \\ & \lambda_2 & & \\ & & \ddots & \\ & & & \lambda_n \end{pmatrix} C\right] \leqslant \mathrm{tr}\left[\begin{pmatrix} \lambda_1 & & & \\ & \lambda_2 & & \\ & & \ddots & \\ & & & \lambda_n \end{pmatrix}^2 C^2\right],$$

其中 $\begin{pmatrix} \lambda_1 & & & \\ & \lambda_2 & & \\ & & \ddots & \\ & & & \lambda_n \end{pmatrix} C = \begin{pmatrix} \lambda_1 c_{11} & \cdots & \lambda_1 c_{1n} \\ \lambda_2 c_{21} & \cdots & \lambda_2 c_{2n} \\ \cdots & & \cdots \\ \lambda_n c_{n1} & \cdots & \lambda_n c_{nn} \end{pmatrix}$. 又由于 $B^{\mathrm{T}} = B$, 因此就

有

$$\operatorname{tr}\left[\begin{pmatrix} \lambda_1 & & & \\ & \lambda_2 & & \\ & & \ddots & \\ & & & \lambda_n \end{pmatrix} C \begin{pmatrix} \lambda_1 & & & \\ & \lambda_2 & & \\ & & \ddots & \\ & & & \lambda_n \end{pmatrix} C\right]$$

$$\begin{aligned} \leqslant \quad & (\lambda_1^2 c_{11}^2 + \lambda_1 \lambda_2 c_{12} c_{21} + \cdots + \lambda_1 \lambda_n c_{1n} c_{n1}) \\ & + (\lambda_1 \lambda_2 c_{21} c_{12} + \lambda_2^2 c_{22}^2 + \cdots + \lambda_2 \lambda_n c_{2n} c_{n2}) \\ & + \cdots + (\lambda_n \lambda_1 c_{1n} c_{n1} + \lambda_2 \lambda_n c_{2n} c_{n2} + \cdots + \lambda_n^2 c_{nn}^2) \end{aligned}$$

以及

$$\operatorname{tr}\left[\begin{pmatrix} \lambda_1 & & & \\ & \lambda_2 & & \\ & & \ddots & \\ & & & \lambda_n \end{pmatrix}^2 C^2\right]$$

$$= \quad \lambda_1^2 (c_{11}^2 + \cdots + c_{1n}^2) + \cdots + \lambda_n^2 (c_{n1}^2 + \cdots + c_{nn}^2).$$

由

$$\begin{aligned} & (\lambda_1^2 c_{11}^2 + \lambda_1 \lambda_2 c_{12} c_{21} + \cdots + \lambda_1 \lambda_n c_{1n} c_{n1}) \\ & + (\lambda_1 \lambda_2 c_{21} c_{12} + \lambda_2^2 c_{22}^2 + \cdots + \lambda_2 \lambda_n c_{2n} c_{n2}) \\ & + \cdots + (\lambda_n \lambda_1 c_{1n} c_{n1} + \lambda_2 \lambda_n c_{2n} c_{n2} + \cdots + \lambda_n^2 c_{nn}^2) \\ \leqslant \quad & \lambda_1^2 (c_{11}^2 + \cdots + c_{1n}^2) + \cdots + \lambda_n^2 (c_{n1}^2 + \cdots + c_{nn}^2) \end{aligned}$$

可知结论是成立的. □

例 5.13 设 A 是 n 阶实对称矩阵, λ 是 A 的最大特征值. 证明:

$$\lambda = \max\{(A\alpha, \alpha) : \alpha \in \mathbb{R}^n, \|\alpha\| = 1\}.$$

证明 由 A 是实对称矩阵可知: 存在正交矩阵 P 使得

$$A = P^{\mathrm{T}} \begin{pmatrix} \lambda_1 & & & \\ & \lambda_2 & & \\ & & \ddots & \\ & & & \lambda_n \end{pmatrix} P,$$

故有

$$(A\alpha, \alpha) = \alpha^{\mathrm{T}} A \alpha = \alpha^{\mathrm{T}} P^{\mathrm{T}} \begin{pmatrix} \lambda_1 & & & \\ & \lambda_2 & & \\ & & \ddots & \\ & & & \lambda_n \end{pmatrix} P \alpha$$

令 $P\alpha = \begin{pmatrix} a_1 \\ a_2 \\ \vdots \\ a_n \end{pmatrix}$, 则有

$$\alpha^{\mathrm{T}} A \alpha = \lambda_1 a_1^2 + \cdots + \lambda_n a_n^2 \leqslant \lambda(a_1^2 + \cdots + a_n^2) = \lambda.$$

不妨设 $\lambda = \lambda_1$, 令 $P\beta = \begin{pmatrix} 1 \\ 0 \\ \vdots \\ 0 \end{pmatrix}$, 则有 $\beta^{\mathrm{T}}\beta = 1$ 且 $(A\beta, \beta) = \lambda$. 因此可以得到所求结论. $\quad\square$

习题5.2

1. 设 $A = \begin{pmatrix} 1 & -2 & 2 \\ -2 & -2 & 4 \\ 2 & 4 & -2 \end{pmatrix}$, 求正交矩阵 P 使得 $P^{-1}AP$ 为对角矩阵.

2. 设 $A = \begin{pmatrix} 1 & 1 & a \\ 1 & a & 1 \\ a & 1 & 1 \end{pmatrix}$ 以及 $\beta = \begin{pmatrix} 1 \\ 1 \\ -2 \end{pmatrix}$. 假设线性方程组 $AX = \beta$ 有解但

是不唯一.

(1) 求 a 的值;

(2) 求正交矩阵 P 使得 $P^{-1}AP$ 为对角矩阵.

3. 有 3 阶实对称矩阵, 特征值是 $\lambda_1 = -1, \lambda_2 = \lambda_3 = 1$; 对应于 $\lambda_1 = -1$ 的特征向量是 $\alpha_1 = \begin{pmatrix} 0 \\ 1 \\ 1 \end{pmatrix}$. 求矩阵 A.

4. 设 3 阶实对称矩阵 A 的特征值为 $\lambda_1 = 1, \lambda_2 = -1, \lambda_3 = 0$, 对应于 λ_1, λ_2 的特征向量分别是 $\alpha_1 = \begin{pmatrix} 1 \\ 2 \\ 2 \end{pmatrix}, \alpha_2 = \begin{pmatrix} 2 \\ 1 \\ -2 \end{pmatrix}$. 求 A.

5. 设 n 阶矩阵 A 的元均为 1,

(1) 求 A 的特征值和特征向量;

(2) A 是否可以对角化? 如果可以, 求矩阵 P 使得 $P^{-1}AP$ 为对角矩阵.

6. 设 $A = \begin{pmatrix} 3 & -2 \\ -2 & 3 \end{pmatrix}$, 求 $\varphi(A) = A^{10} - 5A^9$.

§5.3　二次型及其标准型

定义 5.6　含有 n 个变量 $x_1, x_2, \cdots, x_n$ 的二次齐次实函数

$$\begin{aligned} f(x_1, \cdots, x_n) &= a_{11}x_1^2 + a_{22}x_2^2 + \cdots + a_{nn}x_n^2 \\ &\quad + 2a_{12}x_1x_2 + 2a_{13}x_1x_3 + \cdots + 2a_{1n}x_1x_n \\ &\quad + \cdots + 2a_{n-1,n}x_{n-1}x_n \end{aligned} \tag{5.6}$$

称为是二次型.

令 $a_{ji} = a_{ij}$, 利用矩阵, 二次型(5.6)可以表示为

$$f(x_1, \cdots, x_n) = \begin{pmatrix} x_1 & x_2 & \cdots & x_n \end{pmatrix} \begin{pmatrix} a_{11} & a_{12} & \cdots & a_{1n} \\ a_{21} & a_{22} & \cdots & a_{2n} \\ \vdots & \vdots & & \vdots \\ a_{n1} & a_{n2} & \cdots & a_{nn} \end{pmatrix} \begin{pmatrix} x_1 \\ x_2 \\ \vdots \\ x_n \end{pmatrix}.$$

记

$$A = \begin{pmatrix} a_{11} & a_{12} & \cdots & a_{1n} \\ a_{21} & a_{22} & \cdots & a_{2n} \\ \vdots & \vdots & & \vdots \\ a_{n1} & a_{n2} & \cdots & a_{nn} \end{pmatrix}, \quad X = \begin{pmatrix} x_1 \\ x_2 \\ \vdots \\ x_n \end{pmatrix},$$

则二次型(5.6) 可以记作

$$f = X^{\mathrm{T}} A X, \tag{5.7}$$

其中, A 是 n 阶对称方阵. 因此, 二次型与对称矩阵之间存在一一对应的关系. 这样, 研究二次型就归结为研究实对称矩阵.

例 5.14 二次型 $f = x^2 - 3x^2 - 4xy + yz$ 可以写为

$$f = \begin{pmatrix} x & y & z \end{pmatrix} \begin{pmatrix} 1 & -2 & 0 \\ -2 & 0 & \frac{1}{2} \\ 0 & \frac{1}{2} & -3 \end{pmatrix} \begin{pmatrix} x \\ y \\ z \end{pmatrix}.$$

为了得到二次型的标准型, 我们引入矩阵之间的合同关系.

定义 5.7 设 A, B 是 n 阶实矩阵, 称 A **合同** 于 B, 如果存在 n 阶可逆矩阵 C, 使得

$$B = C^{\mathrm{T}} A C.$$

注 合同是矩阵之间的等价关系.

由此, 令 $X = CY$, 则二次型(5.7) 可以化为二次型

$$g(Y) = Y^{\mathrm{T}} (C^{\mathrm{T}} A C) Y, \tag{5.8}$$

通常称此过程为**非退化的线性变换**.

定理 5.11 n 阶实对称矩阵 $A = (a_{ij})_{n\times n}$ 必与对角矩阵合同. 从而二次型(5.6) 可以化为标准型

$$d_1 z_1^2 + d_2 z_2^2 + \cdots + d_n z_n^2.$$

证明 对矩阵的阶数 n 进行归纳证明. 当 $n = 1$ 时, 结论是显然成立的. 假设任意阶数 $\leqslant n-1$ 的实对称矩阵均合同于对角矩阵, 则对于 n 阶方阵 $A = (a_{ij})_{n\times n}$ 而言, 下面我们将分情况来讨论.

(1) 当 $a_{11} \neq 0$ 时, 令 $\alpha = \begin{pmatrix} a_{12} & \cdots & a_{1n} \end{pmatrix}$, $A_1 = \begin{pmatrix} a_{22} & a_{23} & \cdots & a_{2n} \\ \vdots & \vdots & & \vdots \\ a_{n2} & a_{n3} & \cdots & a_{nn} \end{pmatrix}$,

则矩阵 A 和 $C_1 = \begin{pmatrix} 1 & -a_{11}^{-1}a_{12} & \cdots & -a_{11}^{-1}a_{1n} \\ 0 & 1 & \cdots & 0 \\ \vdots & \vdots & & \vdots \\ 0 & 0 & \cdots & 1 \end{pmatrix}$ 可以写成分块矩阵

$$A = \begin{pmatrix} a_{11} & \alpha \\ \alpha^T & A_1 \end{pmatrix}, \quad C_1 = \begin{pmatrix} 1 & -a_{11}^{-1}\alpha \\ 0 & I_{n-1} \end{pmatrix}.$$

这样就可以导出

$$\begin{aligned} C_1^{\mathrm{T}} A C_1 &= \begin{pmatrix} 1 & \mathbf{0} \\ -a_{11}^{-1}\alpha^{\mathrm{T}} & I_{n-1} \end{pmatrix} \begin{pmatrix} a_{11} & \alpha \\ \alpha^{\mathrm{T}} & A_1 \end{pmatrix} \begin{pmatrix} 1 & -a_{11}^{-1}\alpha \\ \mathbf{0} & I_{n-1} \end{pmatrix} \\ &= \begin{pmatrix} a_{11} & \alpha \\ \mathbf{0} & A_1 - a_{11}^{-1}\alpha^{\mathrm{T}}\alpha \end{pmatrix} \begin{pmatrix} 1 & -a_{11}^{-1}\alpha \\ \mathbf{0} & I_{n-1} \end{pmatrix} \\ &= \begin{pmatrix} a_{11} & \mathbf{0} \\ \mathbf{0} & A_1 - a_{11}^{-1}\alpha^{\mathrm{T}}\alpha \end{pmatrix}. \end{aligned}$$

矩阵 $A_1 - a_{11}^{-1}\alpha^{\mathrm{T}}\alpha$ 是 $n-1$ 阶对称方阵. 由归纳假设可知: 存在 $n-1$ 阶可逆矩阵 G, 使得

$$G^{\mathrm{T}}(A_1 - a_{11}^{-1}\alpha^{\mathrm{T}}\alpha)G = D,$$

其中 D 是 $n-1$ 阶对角矩阵. 令

$$C_2 = \begin{pmatrix} 1 & \mathbf{0} \\ \mathbf{0} & G \end{pmatrix},$$

则有

$$
\begin{aligned}
C_2^{\mathrm{T}} C_1^{\mathrm{T}} A C_1 C_2 &= \begin{pmatrix} 1 & \mathbf{0} \\ \mathbf{0} & G^{\mathrm{T}} \end{pmatrix} \begin{pmatrix} a_{11} & \mathbf{0} \\ \mathbf{0} & A_1 - a_{11}^{-1} \alpha^{\mathrm{T}} \alpha \end{pmatrix} \begin{pmatrix} 1 & \mathbf{0} \\ \mathbf{0} & G \end{pmatrix} \\
&= \begin{pmatrix} a_{11} & \mathbf{0} \\ \mathbf{0} & D \end{pmatrix}.
\end{aligned}
$$

此为对角矩阵, 而我们所需的可逆矩阵是 $C = C_1 C_2$.

    (2) 如果 $a_{11} = 0$ 但存在 $a_{ii} \neq 0$. 利用例1.18的记号, $E_{1,i}^{\mathrm{T}} A E_{1,i}$ 就是把的第 1 行与第 i 行互换, 再把第 1 列与第 i 列互换. 因此, $E_{1,i}^{\mathrm{T}} A E_{1,i}$ 中第 1 行第 1 列的元是 a_{ii}. 这就归结为第一种情形.

    (3) 如果 $a_{11} = \cdots = a_{nn} = 0$ 但存在 $j \neq 1$ 使得 $a_{1j} \neq 0$. 做合同变换

$$E_{2,j}^{\mathrm{T}} A E_{2,j},$$

则可以把 a_{1j} 移到第一行第二列的位置. 再取

$$F = \begin{pmatrix} 1 & 1 & 0 & \cdots & 0 \\ 1 & -1 & 0 & \cdots & 0 \\ 0 & 0 & 1 & \cdots & 0 \\ \vdots & \vdots & \vdots & & \vdots \\ 0 & 0 & 0 & \cdots & 1 \end{pmatrix}$$

则矩阵 $P^{\mathrm{T}} A P$ 的左上角就化为

$$\begin{pmatrix} 2a_{1j} & 0 \\ 0 & -2a_{1j} \end{pmatrix},$$

此即转化为第一种情况.

(4) 如果 $a_{11} = a_{12} = \cdots = a_{1n} = 0$. 由 A 是对称矩阵可知 $a_{11} = a_{21} = \cdots = a_{n1} = 0$. 于是 A 可以写为

$$A = \begin{pmatrix} 0 & \mathbf{0} \\ \mathbf{0} & A_1 \end{pmatrix},$$

其中 A_1 是 $n-1$ 阶对称矩阵. 由归纳假设可知, 存在 $n-1$ 阶可逆矩阵 G_2, 使得

$$G_2^{\mathrm{T}} A_1 G_2 = D_2,$$

其中 D_2 为 $n-1$ 阶对角矩阵. 令

$$C = \begin{pmatrix} 1 & \mathbf{0} \\ \mathbf{0} & G_2 \end{pmatrix},$$

则 $C^{\mathrm{T}} A C$ 是对角矩阵.   □

例 5.15 化二次型

$$f(x_1, x_2, x_3) = 2x_1 x_2 + 2x_1 x_3 - 6x_2 x_3$$

成标准型.

解 $f(x_1, x_2, x_3)$ 的矩阵是

$$A = \begin{pmatrix} 0 & 1 & 1 \\ 1 & 0 & -3 \\ 1 & -3 & 0 \end{pmatrix}.$$

取 $C_1 = \begin{pmatrix} 1 & 1 & 0 \\ 1 & -1 & 0 \\ 0 & 0 & 1 \end{pmatrix}$, 则有

$$A_1 = C_1^{\mathrm{T}} A C_1 = \begin{pmatrix} 1 & 1 & 0 \\ 1 & -1 & 0 \\ 0 & 0 & 1 \end{pmatrix} \begin{pmatrix} 0 & 1 & 1 \\ 1 & 0 & -3 \\ 1 & -3 & 0 \end{pmatrix} \begin{pmatrix} 1 & 1 & 0 \\ 1 & -1 & 0 \\ 0 & 0 & 1 \end{pmatrix}$$

$$= \begin{pmatrix} 2 & 0 & -2 \\ 0 & -2 & 4 \\ -2 & 4 & 0 \end{pmatrix}.$$

再取 $C_2 = \begin{pmatrix} 1 & 0 & 1 \\ 0 & 1 & 0 \\ 0 & 0 & 1 \end{pmatrix}$, 可得

$$A_2 = C_2^{\mathrm{T}} A_1 C_2 \; = \; \begin{pmatrix} 1 & 0 & 0 \\ 0 & 1 & 0 \\ 1 & 0 & 1 \end{pmatrix} \begin{pmatrix} 2 & 0 & -2 \\ 0 & -2 & 4 \\ -2 & 4 & 0 \end{pmatrix} \begin{pmatrix} 1 & 0 & 1 \\ 0 & 1 & 0 \\ 0 & 0 & 1 \end{pmatrix}$$

$$= \begin{pmatrix} 2 & 0 & 0 \\ 0 & -2 & 4 \\ 0 & 4 & -2 \end{pmatrix}.$$

更进一步地, 取 $C_3 = \begin{pmatrix} 1 & 0 & 0 \\ 0 & 1 & 2 \\ 0 & 0 & 1 \end{pmatrix}$, 可以得到

$$A_3 = C_3^{\mathrm{T}} A_2 C_3 \; = \; \begin{pmatrix} 1 & 0 & 0 \\ 0 & 1 & 0 \\ 0 & 2 & 1 \end{pmatrix} \begin{pmatrix} 2 & 0 & 0 \\ 0 & -2 & 4 \\ 0 & 4 & -2 \end{pmatrix} \begin{pmatrix} 1 & 0 & 0 \\ 0 & 1 & 2 \\ 0 & 0 & 1 \end{pmatrix}$$

$$= \begin{pmatrix} 2 & 0 & 0 \\ 0 & -2 & 0 \\ 0 & 0 & 6 \end{pmatrix}.$$

因此, 令

$$C = C_1 C_2 C_3 \; = \; \begin{pmatrix} 1 & 1 & 0 \\ 1 & -1 & 0 \\ 0 & 0 & 1 \end{pmatrix} \begin{pmatrix} 1 & 0 & 1 \\ 0 & 1 & 0 \\ 0 & 0 & 1 \end{pmatrix} \begin{pmatrix} 1 & 0 & 0 \\ 0 & 1 & 2 \\ 0 & 0 & 1 \end{pmatrix}$$

$$= \begin{pmatrix} 1 & 1 & 3 \\ 1 & -1 & -1 \\ 0 & 0 & 1 \end{pmatrix},$$

就有

$$C^{\mathrm{T}}AC = \begin{pmatrix} 2 & 0 & 0 \\ 0 & -2 & 0 \\ 0 & 0 & 6 \end{pmatrix}.$$

做变换 $\begin{pmatrix} x_1 \\ x_2 \\ x_3 \end{pmatrix} = C \begin{pmatrix} y_1 \\ y_2 \\ y_3 \end{pmatrix}$ 可以得到 $f(x_1, x_2, x_3) = 2y_1^2 - 2y_2^2 + 6y_3^2.$ □

注　二次型的标准型是不唯一的, 与所做的变换有关. 例如: 对于二次型 $2x_1x_2 + 2x_1x_3 - 6x_2x_3$. 如果令

$$\begin{pmatrix} x_1 \\ x_2 \\ x_3 \end{pmatrix} = \begin{pmatrix} 1 & 1 & 3 \\ 1 & -1 & -1 \\ 0 & 0 & 1 \end{pmatrix} \begin{pmatrix} w_1 \\ w_2 \\ w_3 \end{pmatrix}$$

则得到标准型

$$2w_1^2 - 2w_2^2 + 6w_3^2.$$

另一方面, 如果令

$$\begin{pmatrix} x_1 \\ x_2 \\ x_3 \end{pmatrix} = \begin{pmatrix} 1 & -\frac{1}{2} & 1 \\ 1 & \frac{1}{2} & -\frac{1}{3} \\ 0 & 0 & \frac{1}{3} \end{pmatrix} \begin{pmatrix} y_1 \\ y_2 \\ y_3 \end{pmatrix}$$

则得到另一个标准型

$$2y_1^2 - \frac{1}{2}y_2^2 + \frac{2}{3}y_3^2.$$

对于实二次型 $f(x_1, x_2, \cdots, x_n)$, 通过某一个非退化线性变换可以将其变为标准型

$$d_1y_1^2 + \cdots + d_py_p^2 - d_{p+1}y_{p+1}^2 - \cdots - d_ry_r^2 \tag{5.9}$$

其中, $d_i > 0 \ (i = 1, 2, \cdots, r)$ 是二次型 $f(x_1, x_2, \cdots, x_n)$ 的秩. 更进一步地, 再做一个非退化线性变换

$$
\begin{pmatrix} y_1 \\ y_2 \\ \vdots \\ y_n \end{pmatrix} = \begin{pmatrix} \frac{1}{\sqrt{d_1}} & & & & & & \\ & \ddots & & & & & \\ & & \frac{1}{\sqrt{d_r}} & & & & \\ & & & 0 & & & \\ & & & & \ddots & & \\ & & & & & & 0 \end{pmatrix} \begin{pmatrix} z_1 \\ z_2 \\ \vdots \\ z_n \end{pmatrix} \tag{5.10}
$$

则式(5.9) 就化为

$$
z_1^2 + \cdots + z_p^2 - z_{p+1}^2 - \cdots - z_r^2 \tag{5.11}
$$

称式(5.11) 是实二次型 $f(x_1, x_2, \cdots, x_n)$ 的**规范型**. 显然, 规范型完全由 r, p 这两个数决定. 把上述讨论写为下面的定理.

定理 5.12 (惯性定理) 任意一个实二次型均可以通过非退化线性变换化为规范型, 而且规范型是唯一的.

定义 5.8 在实二次型 $f(x_1, x_2, \cdots, x_n)$ 的规范型中, 正平方项的个数 p 称为是 $f(x_1, x_2, \cdots, x_n)$ 的**正惯性指数**; 负平方项的个数 $r - p$ 称为是 $f(x_1, x_2, \cdots, x_n)$ 的**负惯性指数**; 它们的差 $p - (r - p) = 2p - r$ 称为是 $f(x_1, x_2, \cdots, x_n)$ 的**符号差**.

注 类似于定理5.12, 对于实对称矩阵 $A \in M_n$, 我们可以知道 A 必然合

同于对角矩阵

$$\begin{pmatrix} 1 & & & & & & & & \\ & \ddots & & & & & & & \\ & & 1 & & & & & & \\ & & & -1 & & & & & \\ & & & & \ddots & & & & \\ & & & & & -1 & & & \\ & & & & & & 0 & & \\ & & & & & & & \ddots & \\ & & & & & & & & 0 \end{pmatrix}$$

其中 r 是 A 的秩; 对角线上1 的个数 p 以及 -1 的个数 $r-p$ 是唯一确定的, 分别称为是 A 的正惯性指数和负惯性指数; 它们之差 $2p-r$ 称为是 A 的符号差.

定义 5.9 对于实二次型 $f(x_1,x_2,\cdots,x_n)$,

- 如果对任意的一组不全为零的实数 $c_1,c_2,\cdots,c_n$, 都有 $f(c_1,c_2,\cdots,c_n) \geqslant 0$, 则称 f 是**半正定**的. 此时也称所对应的实对称矩阵是**半正定**的.

- 如果对任意的一组不全为零的实数 $c_1,c_2,\cdots,c_n$, 都有 $f(c_1,c_2,\cdots,c_n) > 0$, 则称 f 是**正定**的. 此时也称所对应的实对称矩阵是**正定**的.

注   实二次型

$$f(x_1,x_2,\cdots,x_n) = d_1x_1^2 + d_2x_2^2 + \cdots + d_nx_n^2$$

是正定的充分必要条件是 $d_i > 0$ $(i=1,2,\cdots,n)$(也就是, A 的正惯性指数是 n).

设实二次型

$$f(x_1,x_2,\cdots,x_n) = \sum_{i=1}^n \sum_{j=1}^n a_{ij}x_ix_j, \quad a_{ij} = a_{ji} \tag{5.12}$$

是正定的. 取可逆矩阵 C, 令

$$\begin{pmatrix} x_1 \\ x_2 \\ \vdots \\ x_n \end{pmatrix} = C \begin{pmatrix} y_1 \\ y_2 \\ \vdots \\ y_n \end{pmatrix},$$

则 $y_1, y_2, \cdots, y_n$ 的二次型

$$g(y_1, y_2, \cdots, y_n) = \sum_{i=1}^{n} \sum_{j=1}^{n} b_{ij} y_i y_j, \quad b_{ij} = b_{ji} \tag{5.13}$$

也是正定的. 也就是说, 对于任意一组不全为零的实数 $k_1, k_2, \cdots, k_n$, 都有 $g(k_1, k_2, \cdots, k_n) > 0$. 事实上, 对于 $\begin{pmatrix} k_1 \\ k_2 \\ \vdots \\ k_n \end{pmatrix}$, 由 C 是可逆矩阵可知 $\begin{pmatrix} c_1 \\ c_2 \\ \vdots \\ c_n \end{pmatrix} = $

$C \begin{pmatrix} k_1 \\ k_2 \\ \vdots \\ k_n \end{pmatrix}$ 也不全为零, 显然

$$g(k_1, k_2, \cdots, k_n) = f(c_1, c_2, \cdots, c_n) > 0.$$

定理 5.13 实对称矩阵(或者实二次型)是正定的当且仅当它与单位矩阵合同.

命题 设 A 是 n 阶正定矩阵, 则 A 的逆矩阵 A^{-1} 是正定矩阵.

证明 由 A 是正定矩阵可知: 存在 n 阶实可逆矩阵 C 使得 $A = C^{\mathrm{T}} C$. 又注意到

$$A^{-1} = C^{-1}(C^{-1})^{\mathrm{T}},$$

因此 A^{-1} 是正定矩阵. $\qquad\square$

例 5.16 设 A 是 n 阶正定矩阵. 证明: 存在唯一的正定矩阵 S, 使得 $A = S^2$.

证明 由条件可知, 存在正交矩阵P 使得

$$A = P^{\mathrm{T}} \begin{pmatrix} \lambda_1 I_1 & & \\ & \ddots & \\ & & \lambda_s I_s \end{pmatrix} P,$$

其中$\lambda_1, \cdots, \lambda_s$ 是两两不同的正实数. 取

$$S = P^{\mathrm{T}} \begin{pmatrix} \sqrt{\lambda_1} I_s & & \\ & \ddots & \\ & & \sqrt{\lambda_s} I_s \end{pmatrix} P,$$

则S 满足条件.

如果还存在正定矩阵S_1 满足$A = S_1^2$, 则存在正交矩阵Q 使得

$$S_1 = Q^{\mathrm{T}} \begin{pmatrix} \sqrt{\lambda_1} I_{k_1} & & \\ & \ddots & \\ & & \sqrt{\lambda_s} I_{k_s} \end{pmatrix} Q.$$

因此就有

$$\begin{pmatrix} \lambda_1 I_{k_1} & & \\ & \ddots & \\ & & \lambda_s I_{k_s} \end{pmatrix} = PQ^{\mathrm{T}} \begin{pmatrix} \lambda_1 I_{k_1} & & \\ & \ddots & \\ & & \lambda_s I_{k_s} \end{pmatrix} QP^{T},$$

也就是说QP^{T} 与 $\begin{pmatrix} \lambda_1 I_{k_1} & & \\ & \ddots & \\ & & \lambda_s I_{k_s} \end{pmatrix}$ 是可交换的, 从而存在矩阵$U_1, \cdots, U_s$ (分别是$k_1, \cdots, k_s$ 阶) 使得

$$QP^{\mathrm{T}} = \begin{pmatrix} U_1 & & \\ & \ddots & \\ & & U_s \end{pmatrix}.$$

因此就有 QP^{T} 与 $\begin{pmatrix} \sqrt{\lambda_1}I_{k_1} & & \\ & \ddots & \\ & & \sqrt{\lambda_s}I_{k_s} \end{pmatrix}$ 是可交换的, 即

$$\begin{pmatrix} \sqrt{\lambda_1}I_{k_1} & & \\ & \ddots & \\ & & \sqrt{\lambda_s}I_{k_s} \end{pmatrix} = P^{\mathrm{T}}Q \begin{pmatrix} \sqrt{\lambda_1}I_1 & & \\ & \ddots & \\ & & \sqrt{\lambda_s}I_s \end{pmatrix} QP^{\mathrm{T}},$$

这就证得 $S = S_1$. $\quad\square$

例 5.17 设 $a_1, a_2, \cdots, a_n$ 是 n 个两两不同的实数, 求证: n 阶矩阵

$$A = \left(\frac{1}{a_i + a_j} \right)_{n \times n}$$

是正定矩阵.

证明 显然 A 是对称矩阵. 任取非零列向量 $X = \begin{pmatrix} x_1 \\ x_2 \\ \vdots \\ x_n \end{pmatrix}$, 则有

$$
\begin{aligned}
X^{\mathrm{T}}AX &= \sum_{i,j=1}^{n} \frac{1}{a_i + a_j} x_i x_j = \sum_{i,j=1}^{n} \int_0^\infty x_i x_j e^{-(a_i + a_j)t} \mathrm{d}t \\
&= \int_0^\infty \left(\sum_{i,j=1}^{n} x_i x_j e^{-(a_i + a_j)t} \right) \mathrm{d}t \\
&= \int_0^\infty \left(\sum_{i=1}^{n} x_i e^{-a_i t} \right)^2 \mathrm{d}t.
\end{aligned}
$$

由条件可知: $e^{-a_1 t}, e^{-a_2 t}, \cdots, e^{-a_n t}$ 是线性无关的. 又 $x_1, x_2, \cdots, x_n$ 不全为零, 因此就有

$$\sum_{i=1}^{n} x_i e^{-a_i t} \neq 0,$$

进而可以得出

$$\int_0^\infty \left(\sum_{i=1}^{n} x_i e^{-a_i t} \right)^2 \mathrm{d}t > 0.$$

因此 $X^{\mathrm{T}}AX > 0$, 此即说明 A 是正定矩阵. $\quad\square$

例 5.18 设 A 是 n 阶正定矩阵, B 是 n 阶非零半正定矩阵, $n > 1$. 证明

$$|A + B| > |A| + |B|.$$

证明 由 A 是正定矩阵且 B 是半正定矩阵可知, 存在可逆矩阵 P 使得

$$P^{\mathrm{T}}AP = I_n, \quad P^{\mathrm{T}}BP = \begin{pmatrix} \lambda_1 & & & \\ & \lambda_2 & & \\ & & \ddots & \\ & & & \lambda_n \end{pmatrix},$$

其中 $\lambda_1 \geqslant 0, \cdots, \lambda_n \geqslant 0$ 且存在 i_0 使得 $\lambda_{i_0} > 0$. 从而可以导出

$$
\begin{aligned}
|P^{\mathrm{T}}(A + B)P| &= |P^{\mathrm{T}}AP + P^{\mathrm{T}}BP| = (1 + \lambda_1) \cdots (1 + \lambda_n) \\
&= 1 + \sum_{i=1}^{n} \lambda_i + \cdots + \prod_{i=1}^{n} \lambda_i \\
&> 1 + \prod_{i=1}^{n} \lambda_i.
\end{aligned}
$$

注意到

$$|P^{\mathrm{T}}|(|A| + |B|)|P| = 1 + \prod_{i=1}^{n} \lambda_i,$$

因此 $|A + B| > |A| + |B|$. $\qquad\square$

例 5.19 设 $A, B, A - B$ 均为 n 阶正定矩阵, 则 $B^{-1} - A^{-1}$ 是正定矩阵.

证明 由条件可知, 存在可逆矩阵 P, 使得

$$P^{\mathrm{T}}AP = I_n, \quad P^{\mathrm{T}}BP = \begin{pmatrix} \lambda_1 & & & \\ & \lambda_2 & & \\ & & \ddots & \\ & & & \lambda_n \end{pmatrix}.$$

由 B 是正定矩阵可知 $\lambda_i > 0$ $(i = 1, 2, \cdots, n)$. 由于

$$P^{\mathrm{T}}(A - B)P = \begin{pmatrix} 1 - \lambda_1 & & & \\ & 1 - \lambda_2 & & \\ & & \ddots & \\ & & & 1 - \lambda_n \end{pmatrix}$$

以及 $A - B$ 是正定矩阵, 我们可以得出 $\lambda_i < 1\ (i = 1, 2, \cdots, n)$. 从而就有

$$P^{-1}A^{-1}(P^{-1})^{\mathrm{T}} = I_n$$

以及

$$P^{-1}B^{-1}(P^{-1})^{\mathrm{T}} = \begin{pmatrix} \lambda_1^{-1} & & & \\ & \lambda_2^{-1} & & \\ & & \ddots & \\ & & & \lambda_n^{-1} \end{pmatrix},$$

进而可以导出

$$P^{-1}(B^{-1} - A^{-1})(P^{-1})^{\mathrm{T}} = \begin{pmatrix} \lambda_1^{-1} - 1 & & & \\ & \lambda_2^{-1} - 1 & & \\ & & \ddots & \\ & & & \lambda_n^{-1} - 1 \end{pmatrix}$$

由条件可知 $\lambda_i^{-1} - 1 > 0\ (i = 1, 2, \cdots, n)$, 因此 $B^{-1} - A^{-1}$ 是正定矩阵. $\qquad\square$

例 5.20 设 A 是 n 阶实对称矩阵, 而 β 是 n 维列向量. 证明: $A - \beta\beta^{\mathrm{T}}$ 是正定矩阵的充分必要条件是 A 是正定矩阵且 $\beta^{\mathrm{T}}A^{-1}\beta < 1$.

证明 充分性: 由 A 是正定矩阵且 $\beta\beta^{\mathrm{T}}$ 是实对称矩阵可知, 存在可逆矩阵 P 使得

$$PAP^{\mathrm{T}} = I_n, \quad P\beta\beta^{\mathrm{T}}P^{\mathrm{T}} = \begin{pmatrix} \lambda & 0 \\ 0 & 0 \end{pmatrix}.$$

故 $A = P^{-1}(P^{-1})^{\mathrm{T}}, A^{-1} = P^{\mathrm{T}}P$ 以及 $P\beta = \begin{pmatrix} \sqrt{\lambda} \\ 0 \\ \vdots \\ 0 \end{pmatrix}$, 这里 $\lambda < 1$. 从而就有

$$P(A - \beta\beta^{\mathrm{T}})P^{\mathrm{T}} = \begin{pmatrix} 1 - \lambda & & & \\ & 1 & & \\ & & \ddots & \\ & & & 1 \end{pmatrix}.$$

必要性: 由 $A - \beta\beta^{\mathrm{T}}$ 是正定矩阵而 $\beta\beta^{\mathrm{T}}$ 是半正定矩阵可知 A 是正定矩阵. 故存在可逆矩阵 P 使得

$$PAP^{\mathrm{T}} = I_n, \quad P\beta\beta^{\mathrm{T}}P^{\mathrm{T}} = \begin{pmatrix} \lambda & 0 \\ 0 & 0 \end{pmatrix}.$$

通过直接验证可知 $\lambda < 1, A^{-1} = P^{\mathrm{T}}P$ 以及 $P\beta = \begin{pmatrix} \sqrt{\lambda} \\ 0 \\ \vdots \\ 0 \end{pmatrix}$, 因此可以推

出 $\beta^{\mathrm{T}}A^{-1}\beta < 1.$ $\quad\square$

注　类似的, 我们可以定义**负定二次型**以及**半负定二次型**. 并且注意到: $f(X)$ 是负定二次型当且仅当 $-f(X)$ 是正定二次型.

习题5.3

1. 将
$$f(x_1, x_2, x_3) = 2x_1x_2 - 2x_2x_3 + 2x_2x_3$$
化为标准型.

2. 求正交变换, 把二次型
$$f(x_1, x_2, x_3) = x_1^2 - 4x_2^2 + 4x_3^2 - 4x_1x_2 + 4x_1x_3 - 8x_2x_3$$
化为标准型.

3. 设二次型 $f(X) = X^{\mathrm{T}}AX$, 其中
$$A = \begin{pmatrix} 0 & 1 & 0 & 0 \\ 1 & 0 & 0 & 0 \\ 0 & 0 & y & 1 \\ 0 & 0 & 1 & 2 \end{pmatrix}.$$

  (1) 假设 A 的一个特征值是3, 求y;

  (2) 求矩阵P, 使得$(AP)^{\mathrm{T}}(AP)$ 为对角矩阵.

4. 判断

$$f(x_1, x_2, x_3) = x_1^2 + x_2^2 + x_3^2 - x_1x_2 + x_2x_3$$

是不是正定二次型.

5. 设A 是n 阶实对称矩阵, 证明: 存在正实数$\lambda > 0$, 使得$\lambda I_n + A$ 是正定矩阵.

6. 设A 是三阶对称矩阵, A 的秩为$r(A) = 2$ 且满足$A^3 + 2A^2 = 0$. (1) 求A 的全部特征值; (2) 当a 取何值时, $aI_3 + A$ 是正定矩阵.

参 考 文 献

[1] 北京大学数学系几何与代数教研室前代数小组. 高等代数(第三版). 北京: 高等教育出版社, 2003.

[2] GOLAN J S. *The Linear Algebra a Beginning* (second edition), Springer, Netherlands, 2007.

[3] 许以超. 线性代数与矩阵论(第二版). 北京: 高等教育出版社, 2008.

[4] 杨奇, 孟道骥. 线性代数, 天津: 南开大学出版社, 2003.